图 9-1　马铃薯病毒病

图 9-2　环腐病薯块

图 9-3　环腐病叶

图 9-4　青枯病植株表现

（注：彩插页图 9-1～图 9-12 为本书第九章的插图）

图 9-5　青枯病薯块

图 9-6　黑胫病茎

图 9-7　黑胫病薯块

图 9-8　晚疫病叶部表现

图 9-9　晚疫病茎部表现

图 9-10　晚疫病薯块

图 9-11　早疫病

图 9-12　疮痂病

马铃薯高效栽培技术

主编　周建华

河南科学技术出版社

·郑州·

图书在版编目（CIP）数据

马铃薯高效栽培技术/周建华主编.--郑州：河南科学技术出版社，2024.9. -- ISBN 978-7-5725-1695-5

Ⅰ.S532-49

中国国家版本馆 CIP 数据核字第 2024960YR3 号

出版发行：河南科学技术出版社
地址：郑州市郑东新区祥盛街 27 号　　邮编：450016
电话：（0371）65787028　65788613
网址：www.hnstp.cn
策划编辑：陈　艳　陈淑芹
责任编辑：陈　艳
责任校对：丁秀荣
封面设计：张德琛
责任印制：徐海东
印　　刷：河南瑞之光印刷股份有限公司
经　　销：全国新华书店
开　　本：850 mm×1 168 mm　印张：6.25　彩插：4　字数：160 千字
版　　次：2024 年 9 月第 1 版　2024 年 9 月第 1 次印刷
定　　价：28.00 元

本书编写人员名单

主　编　周建华

副主编　张　黎　曹　辉　刘丽锋　张　舜

参　编　郑军伟　王　峰　张晓静　方　娜

张晓炎　李善奎　谢鹏祺　周辉玲

周瑞华　张焕想　杨有才　张译辛

前 言

2013 年，中华人民共和国农业部提出在我国实施马铃薯主食产品及产业开发发展战略。几年来，中国农业科学院加工所薯类科研团队研制出马铃薯馒头、面条、面包、米粉等第一代马铃薯主食产品。由中国农业科学院农产品加工研究所历经近两年时间研制成功的马铃薯馒头，被视为马铃薯主粮化战略的破题之作，到 2023 年，50% 以上的马铃薯作为主粮消费。马铃薯主粮化意味着鲜食马铃薯吗？黑龙江省农业科学院植物脱毒苗木研究所原副所长吕典秋表示，马铃薯主粮化并不意味着它会成为人们主要食用的鲜食，而更多体现在以马铃薯为原料的加工食品上，如用马铃薯制成的全粉、淀粉，用它们来制作馒头、面条、包子、面包等。2015 年，中国农业科学院党组书记陈萌山在第一代马铃薯主食产品上市推介活动时强调，大力发展马铃薯产业，是新常态下推进农业转方式、调结构的重要选择，也是缓解我国资源环境承载压力、促进农民增收致富、提升国民健康水平的重要举措。

资料显示，我国耕地面积不足全世界一成，却使用了全世界近 1/3 的化肥；我国耕地单位面积农药使用量是世界平均水平的 2.5 倍。中国农业大学食品学院营养与食品安全系教授范志红曾指出，相对于“一生”要用至少六七种农药和生长调节剂的水稻，马铃薯并不需要太多化学帮忙。此外，她还表示，目前中国光、热、水资源丰富，土地平整的地区工业占用耕地现象严重，导致粮食的主要产区变成了地形崎岖、土地贫瘠、干旱寒冷的地区，而马铃薯适应性广、耐旱、耐寒、耐瘠薄，全国大部分地区的土壤及气候条件都可满足其生长要求。

本书作者从事马铃薯技术推广近 10 年，对北方一季作区、中原作区、南方及西南地区都进行了实地调研，同时与国内马铃薯育种方面一线专家探讨不同马铃薯在差异环境下表现的差异性。作者所在中原区域内马铃薯种植分布较广，不同的地形地貌差异性较大，形成了多样的种植方式。由于技术的落后，缺乏系统性的指导，单产一直都维持在较低的水平。作者希望《马铃薯高效栽培技术》一书能够为马铃薯种植技术推广、马铃薯产业发展尽一份力。

在此，特别感谢郑州市蔬菜研究所崔杏春老师给予本书的指导。

编　者

2024 年 1 月

目　录

马铃薯是茄科（Solanaceae）茄属中能形成地下块茎的一年生草本植物。学名：马铃薯，据说来自日语；别名：地豆、地苹果、地梨、爱尔兰薯、山药蛋、洋芋、地蛋、荷兰薯、爪哇薯等。马铃薯栽培起源于拉丁美洲秘鲁和玻利维亚等国的安第斯山脉高原地区，早在 8 000~10 000 年前古代印第安人就开始驯化和栽培马铃薯，普遍栽培的是马铃薯栽培种（S. tuberosum）。16 世纪时西班牙和英国的探险家分别从拉丁美洲将马铃薯带回本国种植，2 个世纪后遍布欧洲，17 世纪初传入北美洲。

在一般情况下，马铃薯块茎内 76%左右是水分，24%左右是干物质，淀粉占干物质的 70%~80%，还含有糖、蛋白质、纤维素、矿物质盐类及维生素 C、维生素 B_1、维生素 B_2 等。

马铃薯在中国粮菜兼用，是人们常年消费的一种重要蔬菜，其鲜薯可供出口和工业原料用，目前已成为农村致富和出口创汇的重要农作物。

第一章　生物学特性

一、植物学特征

（一）茎

由种薯的芽眼或种子的胚轴伸长形成的枝条为地上茎。地上茎横截面为圆形或三角形，茎基部为圆形；茎的颜色因品种而异，有绿色、紫褐色等。从种薯上直接伸长的茎为主茎，主茎可以产生分枝，早熟品种分枝少且位于植株中上部，中晚熟品种分枝较多且大都在下部或靠近茎基部。茎有直立、半直立和匍匐茎3种类型。

地下茎为块茎发芽后埋在土壤中的茎（图1-1），一般长10厘米左右。地下茎的茎节上，着生具有鳞片状的腋芽，并发育形成匍匐茎，匍匐茎顶端膨大形成块茎。匍匐茎的长短和数目与品种特性和栽培条件密切相关，一般早熟品种较短，晚熟品种较长。匍匐茎较短的结薯集中，便于收获。早熟品种在出苗后7~10天匍匐茎即开始伸长，15天后顶端膨大，形成块茎。如果播种时薯块覆土太浅或生长期间遇到土壤温度过高等不良环境条件，匍匐茎会长出地面形成地上部植株而影响产量。

马铃薯块茎是生长在土壤中的缩短而肥大的变态茎，既是储存养分的经济产品器官，又是主要的繁殖器官。块茎与匍匐茎连接的一端为基部，称脐部；块茎的顶部即为匍匐茎的生长点。在

图 1–1　马铃薯地下茎

块茎表面每个茎节上都有呈新月状的残留叶痕，称为芽眉。芽眉内侧表面向内凹陷成为芽眼。每个芽眼内有 1 个主芽、2 个副芽，发芽时主芽首先萌发，副芽一般呈休眠状态。当主芽受损时，副芽可发芽。芽眼在块茎上呈螺旋状排列。块茎顶部的芽眼分布密集，最顶端的一个芽较大，内含许多芽，称为顶芽。块茎萌发时，顶芽最先萌发，且幼芽壮，生长势旺盛。芽眼的颜色和深度与品种特性和栽培条件有关。块茎应在黑暗条件下储藏，若暴露于阳光下则将逐渐变绿。块茎表面有许多称为皮孔的小斑点，是气体交换的主要途径，若栽培土壤高温高湿，则皮孔放大。

块茎的横切面上可见周皮（薯皮）、皮层、微管束环、外髓、内髓等。薯皮的厚度因品种和环境条件而异，新收获薯块的薯皮非常薄且易破。周皮与微管束之间是皮层。块茎的中央部分为髓部，由含水较多呈半透明星芒状的内髓部和接近微管束环不甚明显的外髓部组成。外髓部占块茎的大部分，是营养物质的主要储藏之处；内髓在某些地方与外部芽连接。

块茎的形状、芽眼的深浅、皮肉的颜色及薯皮的光滑度都由品种特性决定，是鉴别品种的主要特征。块茎有圆形、卵形、椭圆形、扁圆形、长筒形等形状。芽眼的深浅可分为突出、浅、中等、深和很深等几种。块茎皮色从浅黄色到深黄色、粉红色到深红色或紫色，有些品种有两种以上颜色。薯皮有光滑、粗糙、网纹等区别，薯肉的颜色一般在白色到黄色之间变化，也有一些紫色薯肉品种。生产上因栽培目的不同，对块茎性状的要求也不同。一般除高产外，希望其形状适合于各自的用途，如炸条品种宜长方形，炸片宜圆球形，鲜食最好为椭圆形或卵圆形等，并要求表皮光滑，色泽悦目，脐部不凹陷，芽眼少，芽眼浅而平，既有利于加工去皮，又便于清洗。

（二）叶

马铃薯最先出土的叶为单叶，心脏形或倒心脏形，全缘，叫初生叶。茎节着生叶，叶片沿着茎节交互轮生。正常的叶片为奇数羽状复叶。正常的复叶由顶小叶、侧生小叶、次生裂片、叶轴和托叶组成。顶小叶只有1片，着生于叶轴的顶端，一般较侧生小叶稍大，可根据顶小叶的特征来鉴别品种。复叶的大小、形状，茸毛的多少，侧生小叶排列的疏密，次生裂片的多少等因品种而异。

（三）花

马铃薯花序为分枝型聚伞花序，开花的繁茂性因品种而异。第1或第2花序开放时，恰好与块茎进入迅速膨大期相吻合，是需水的临界形态标志。马铃薯花为两性花，每朵花由顶端5裂的绿色花萼、5~6裂的轮状花冠、5~6枚雄蕊和1枚雌蕊组成。花冠有白色、粉红色、紫色、蓝紫色、黄色等多种颜色。马铃薯为自花授粉作物，异花授粉率仅0.5%左右，一般白天开花，夜间闭合。

（四）果实

果实为浆果，圆形，含100~250粒种子，浆果的多少、大小和种子数因品种而异。种子扁平，近圆形或卵圆形，由种皮、胚乳、胚根、胚轴和子叶组成。种皮颜色因品种而异，一般为浅褐色或淡黄色。千粒重 0.5～0.6 克，休眠期 5～6 个月。为了与马铃薯通常生产用种（种薯）有所区别，故也将种子称为实生种子。

图 1-2 为马铃薯叶、花与果实。

图 1-2　马铃薯叶、花、果实

（五）根

用块茎种植的马铃薯植株为须根系，须根从种薯幼芽基部发出，而后又分枝形成许多侧根，一般分布在深 30～70 厘米土层中。根系的发生及其生长速度和扩展幅度、深度，受品种、土壤环境（包括温度、湿度、透气性）和种薯解除休眠的程度等多种因素影响。早熟品种根系不发达，分布很浅；晚熟品种分布广而深。抗旱品种根系发达，拉力强，鲜重高。在栽培上，应根据品种的熟性和根系的分布情况来确定株距、行距，以获得高产。用实生种子种植时，马铃薯植株为直根系，有主根和侧根之分。

二、对环境条件的要求

马铃薯喜冷凉、昼夜温差大的气候条件，喜水肥、沙性土壤，茎叶生长喜长日照，块茎发育喜短日照。

（一）温度

芽的生长适温为13～18℃，播种后地下10厘米的温度为10～12℃时可顺利出苗。茎叶生长适温为17～21℃，-3℃时植株将全部冻死，当温度低于7℃或高于42℃时，停止生长。块茎形成和生长发育适温为17～19℃，温度低于2℃或高于29℃时，停止生长；昼夜温差越大，对块茎生长越有利。

（二）光照

马铃薯是喜光作物，茎叶生长需长日照、强光照，块茎发生和膨大需短日照，一般每天光照时数在11～13小时较合适。早熟品种对日照长短反应不敏感，而晚熟品种则相反，必须通过生长后期逐渐缩短日照，才能获得高产。日长与光强和温度有交互作用，高温、短日照和强光下块茎的产量往往比高温、长日照、弱光条件下高。

（三）土壤

马铃薯对土壤的适应性较广，但最适于在轻质土壤上种植。轻质土壤春季地温回升快，有利于早播和块茎的发芽，并有利于促进植株的生长；种薯播种后发芽快，出苗齐，生长的块茎表皮干净、光滑，薯形正常、整齐，商品性好。此外，轻质土壤排水性好，易耕作，易收获，省劳力。马铃薯喜酸性土壤，土壤pH值在4.8～7.0时生长比较正常，最适土壤pH值为5.0～5.5。

（四）水分

马铃薯在不同的生育期对水分的需求不同，需水敏感期是现蕾期也即薯块形成期，需水量最多的时期是孕蕾至开花期。一般每公顷生产3 000千克块茎，需水量为4 200吨左右。发芽期土壤含水量至少应占田间最大持水量的40%~50%；幼苗期要求土壤保持在田间最大持水量的50%~60%，以利于根系向土壤深层发展；发棵期因植株生长发育快，前期土壤水分应保持在田间最大持水量的70%~80%，后期降为60%，以适当控制茎叶生长；结薯期块茎加速膨大，地上部分茎叶生长速度达到高峰，是需水量最多的时期，土壤水分应保持在田间最大持水量的80%~85%，接近收获时，逐步降至50%~60%，促使薯皮老化以利于收获。土壤水分超过80%会对植株生长产生不良影响，尤其是后期土壤水分过多或积水超过24小时，块茎易腐烂，积水超过30小时时块茎大量腐烂，超过42小时则全部腐烂。

（五）营养

马铃薯只有在充分满足水肥需求时才能获得高产，其吸收最多的养分为氮、磷、钾，其次是钙、镁、硫和微量元素铁、硼、锌、锰、铜、钼等。氮、磷、钾是促进根系、茎叶和块茎生长的主要元素，其中氮对茎叶的生长起主导作用；磷促进根系发育，同时还促进合成淀粉和提早成熟；钾有促进茎叶生长的作用，并可维持叶的寿命。氮过多，茎叶徒长，将延缓块茎形成；钾过多，会影响根系对镁的吸收，并影响光合作用。马铃薯在氮、磷、钾三要素中需钾肥最多，其次是氮肥，需磷肥较少。一般每生产1 000千克块茎需氮5~6千克、磷1~3千克、钾12~13千克。各生育期吸收的氮、磷、钾按总吸肥量的百分比计：幼苗期分别为6%、8%和9%；发棵期为38%、34%和36%；结薯期为56%、58%和55%。

三、生长发育特性

在马铃薯栽培中，马铃薯的生长发育为无性周期，这一周期从块茎（种薯）萌芽起至新生块茎收获止，历经发芽期、幼苗期、发棵期、结薯期和休眠期。

（一）发芽期

从种薯解除休眠，芽眼处开始萌芽，芽轴伸长，直至幼苗出土为发芽期。此期生长中心是芽轴的伸长和根系的发育，是马铃薯产量形成的基础时期，其内在影响因素是种薯的休眠和健康状况、生理年龄、打破休眠的程度等，外在影响因素是温度、土壤墒情、氧气和湿度等。发芽期在正常情况下不应超过1个月。

（二）幼苗期

从出苗到第6叶或第8叶平展，形成一个叶序环（团棵）为幼苗期。幼苗期根系得到了扩展，匍匐茎先端开始膨大，块茎开始形成。此期以根、茎、叶的生长为中心，同时伴随着匍匐茎的形成和伸长及花芽的分化，也是影响此后发棵、结薯及至产量形成的基础阶段。此期栽培措施的主要目标是促根、壮苗，保证根系、茎叶和块茎的协调分化与生长。幼苗期只有15~20天。

（三）发棵期（块茎形成期）

从团棵到主茎形成封顶叶（第12叶或第16叶）并展平为发棵期。这时早熟品种第1花序开花，晚熟品种第2花序开花；早熟品种叶面积达总叶面积的80%，晚熟品种在50%以上。这期间根系继续扩大，块茎逐渐膨大到3~4厘米。植株干物质含量逐渐增加达总量的50%以上。发棵期（块茎形成期）一般为30天左右。

（四）结薯期

当植株主茎停止生长并开始分枝，茎叶和块茎的干物质含量达到平衡时，进入以块茎生长为主的时期。结薯后，初期茎叶仍缓慢生长，在盛花期达到高峰不再生长，而块茎的膨大速度加快；后期叶片开始从基部向上逐渐枯黄、脱落，叶面积迅速下降，块茎体积基本稳定，但因继续积累淀粉而不断增重，直到植株枯萎收获。结薯期长短因品种、气候条件、栽培季节、病虫害和栽培措施而异，一般为30~50天。此期，要防止因土温过高而产生二次生长，形成畸形薯影响商品性。

（五）休眠期

新收获的块茎在适宜条件下必须经过一定时期后才能发芽，这一时期即为休眠期。块茎的休眠实际开始于块茎开始膨大时，在栽培上则从茎叶衰败后收获时被看作进入休眠期。休眠期长短按块茎从收获到芽眼开始萌发幼芽的天数计算，幼嫩块茎的休眠期较完全成熟块茎的休眠期长。休眠期的长短由品种的遗传特性和储藏的温度决定，有的品种长达 4~5 个月，有的品种则很短。一般情况下晚熟品种的休眠期较长，早熟品种较短，而试管薯和微型薯的休眠期则更长。一般温度在 10℃ 以上时，块茎易通过自然休眠而发芽。温度在 2~4℃ 时，块茎可以保持长期休眠状态。块茎休眠是由影响其有关生化物质的内、外多种因子综合作用引起的，刚收获的薯块内抑制生长的生化物质和抑制剂浓度较高，在休眠期内脱落酸等生长抑制剂浓度逐渐降低，同时赤霉素等植物生长激素的浓度逐渐增加。由于块茎休眠强度不同，打破块茎休眠的难易程度在不同品种和块茎所处的不同时期也有所不同。

第二章　品种类型及主要栽培季节、方式

一、类型

马铃薯品种按植株的生长习性可分为直立、半直立、匍匐 3 种类型；在栽培上按块茎的成熟期可分为极早熟、早熟、中熟、中晚熟和晚熟 5 种类型，从出苗到成熟所需的天数分别为 50 天、60 天、60~70 天、70~80 天、80~90 天及 90 天以上；按不同用途可分为鲜薯食用和鲜薯出口、炸片加工、炸条加工、淀粉加工、速冻食品加工等类型；按块茎休眠时间的长短又可分为无休眠期、休眠期短（1~3 个月）和休眠期长（3 个月以上）3 种类型。

二、适宜各地栽培的优良品种

（一）适宜中原地区春秋二季作区种植的优良品种

该地区的春、秋两季马铃薯的生育期都只有 80~90 天，因此需要高产、抗病毒病、休眠期较短、薯形好的早熟或块茎膨大速度快的早中熟品种。

1. 豫马铃薯 1 号　由郑州市蔬菜研究所育成。1993 年经河南省品种审定委员会审定，1995 年获河南省科技进步二等奖。

该品种早熟高产，生育期65天左右，春季一般亩产2 250千克，秋季亩产1 500千克左右。高产可达4 000千克以上，增产潜力大。株型直立粗壮，株高60厘米左右，块茎椭圆形，脐部稍小，黄皮黄肉，芽眼浅而稀，块茎大而整齐，商品薯率极高，适宜外贸出口。休眠期45天左右，耐储性较好。退化轻，轻感卷叶病毒病，较抗霜冻、抗茶黄螨及疮痂病。

2. 豫马铃薯2号 由郑州市蔬菜研究所育成。1995年经河南省品种审定委员会审定，1997年获"九五"国家首批农作物后补助二等奖。

该品种生育期65天左右，株型直立，茎粗壮，株高55厘米左右，分枝2~3个，生长势较强，花白色，单株结薯3~4块。块茎椭圆形，黄皮黄肉，薯皮光滑，芽眼浅而稀，块茎大而整齐，商品薯率极高，适宜外贸出口。休眠期45天左右，耐储性中等。退化轻，轻感卷叶病毒病，较抗霜冻、抗茶黄螨及疮痂病。春季亩产2 000~2 250千克，秋季亩产1 500千克左右，高产可达4 000千克。

3. 郑薯7号 由郑州市蔬菜研究所育成。2005年通过河南省品种审定委员会审定。

该品种为早熟品种，生育期65天左右，休眠期45天左右；株型直立，株高55厘米左右，分枝2~3个。块茎椭圆形，黄皮黄肉，芽眼浅而稀，表皮光滑，块茎大而整齐。抗病毒病、早疫病、晚疫病。

4. 郑薯8号 由郑州市蔬菜研究所育成。2009年通过河南省品种审定委员会审定。

该品种为早熟品种，生育期58天左右。植株长势旺，株高约38厘米，单株主茎数1.2个左右，匍匐茎短，块茎圆形，浅黄皮白肉，薯皮光滑，芽眼浅。抗卷叶病毒病、花叶病毒病，抗环腐病与晚疫病。

5. 郑薯9号 由郑州市蔬菜研究所育成。2009年通过河南省品种审定委员会审定。

该品种为早熟品种，生育期56天左右。生长势强，株高44厘米左右，单株主茎数1.2个左右，匍匐茎短，块茎椭圆形，黄皮白肉，薯皮光滑，芽眼浅。块茎整齐，单株块茎数2.2个左右。抗卷叶病毒病、花叶病毒病，抗环腐病与晚疫病。

6. 费乌瑞它 1980年由农业部从荷兰引入，又名鲁引1号、津引8号、荷兰15、荷兰薯等，为鲜食和出口品种。经江苏省南京市蔬菜研究所、山东省农业科学院等单位鉴定推广。

该品种株型直立，分枝少，株高60厘米左右，茎紫色，生长势强。块茎长椭圆形，顶部圆形，皮淡黄色，肉鲜黄色，表皮光滑，块大而整齐，芽眼少而浅，结薯集中，块茎膨大速度较快；块茎休眠期短，较耐储藏。早熟，生育期60天左右。植株易感晚疫病，块茎中感晚疫病，轻感环腐病和青枯病，抗马铃薯Y病毒坏死株系和卷叶病毒病。

7. 中薯3号 由中国农业科学院蔬菜花卉研究所育成。1994年通过北京市农作物品种审定委员会审定。2005年通过国家农作物品种审定委员会审定。

该品种株高55~60厘米，株型直立，茎绿色，分枝较少。块茎大而均匀，皮肉均为黄色。匍匐茎短，结薯集中，单株结薯4~5个。块茎休眠期较短，春薯收获后55~65天即可通过休眠，比较耐储藏。该品种植株抗卷叶病毒病和Y病毒病，较抗X病毒病，不抗晚疫病。

8. 中薯4号 由中国农业科学院蔬菜花卉研究所选育而成。1998年通过北京市农作物品种审定委员会审定。2004年通过国家农作物品种审定委员会审定。

该品种为早熟品种，出苗后生育期67天左右，常温条件下块茎休眠期60天左右。株型直立，株高50厘米左右，枝叶繁茂性及生长势中等。结薯集中，块茎长圆形，大而整齐，淡黄皮淡黄肉，表皮光滑，芽眼少而浅，商品薯率71.3%。抗轻花叶病毒病，中抗重花叶病毒病，感卷叶病毒病。

9. 中薯5号 由中国农业科学院蔬菜花卉研究所选育而成。2001年通过北京市农作物品种审定委员会审定。2004年通过国家农作物品种审定委员会审定。

该品种为早熟品种，出苗后生育期67天左右，常温条件下块茎休眠期50天左右。株型直立，株高50厘米左右，生长势较强，块茎略扁长圆形、圆形，大而整齐，淡黄皮淡黄肉，表皮光滑，商品薯率70%左右，芽眼极浅，结薯集中。抗重花叶病毒病，中抗轻花叶病毒病、卷叶病毒病。

10. 中薯6号 由中国农业科学院蔬菜花卉研究所育成。2001年通过北京市农作物品种审定委员会审定。

该品种为早熟品种，出苗后65天可收获。株型直立，株高50厘米左右，生长势强，分枝数少，块茎椭圆形，粉红皮，薯肉淡黄色和紫红色均有，储藏后紫红色加深、增多。表皮光滑，大而整齐，芽眼浅，结薯集中。植株田间较抗晚疫病、高抗轻花叶和重花叶病毒病。

11. 中薯7号 由中国农业科学院蔬菜花卉研究所育成。2006年通过国家农作物品种审定委员会审定。

该品种为早熟品种，出苗后生育期64天左右。株型半直立，生长势强，株高50厘米左右，块茎圆形，淡黄皮乳白肉，薯皮光滑，芽眼浅，匍匐茎短，结薯集中，商品薯率61.7%。中抗轻花叶病毒病，高抗重花叶病毒病，轻度至中度感晚疫病。

12. 中薯8号 由中国农业科学院蔬菜花卉研究所育成。2006年通过国家农作物品种审定委员会审定。

该品种为早熟品种，出苗后生育期63天左右。植株直立，生长势强，株高52厘米左右，块茎长圆形，淡黄皮淡黄肉，薯皮光滑，芽眼浅，匍匐茎短，结薯集中，块茎大而整齐，商品薯率77.7%。高抗轻花叶病毒病，抗重花叶病毒病，轻度至中度感晚疫病。

13. 东农303　由东北农业大学农学院农学系于1978年育成。1986年通过国家农作物品种审定委员会审定。

该品种株型直立，分枝数中等，株高45厘米左右，生长势强。极早熟，生育期60天以内。休眠期短，耐储藏。植株中感晚疫病，块茎抗环腐病，高抗花叶病毒病，轻感卷叶病毒病，耐束顶病，耐涝性强。

14. 克新4号　由黑龙江省农业科学院马铃薯研究所于1968年育成，1970年通过黑龙江省农作物品种审定委员会审定。1984年通过国家农作物品种审定委员会认定为国家级品种。

该品种早熟，生育期70天左右。株型开展，分枝少，株高60厘米左右，茎绿色，生长势中等，结薯集中。植株感晚疫病，块茎对晚疫病有较高的抗性，感环腐病，对Y病毒过敏，轻感卷叶病毒病，耐束顶病毒病。块茎休眠期短，极耐储藏。

15. 东农304　由东北农业大学农学院农学系杂交育成。1990年通过黑龙江省农作物品种审定委员会审定。

该品种早中熟，从出苗至收获75~80天。株型直立，茎绿色，粗壮，株高55厘米左右。特别是苗期生长势强。单株结薯7~8个，黄皮黄肉，薯形圆，芽眼中深。块茎休眠期长。茎叶抗晚疫病，抗马铃薯Y病毒，轻感马铃薯卷叶病毒病。鲜薯食用品质好，适宜加工。丰产性能好。

16. 早大白　由辽宁省本溪市马铃薯研究所选育而成。1992年通过辽宁省农作物品种审定委员会审定，1997年通过黑龙江省农作物品种审定委员会审定，1998年通过国家农作物品种审定委员会审定。

该品种为早熟品种，从出苗到成熟65天左右，株高50厘米左右，块茎扁圆形，白皮白肉，表面光滑，耐储性一般，食味中等。单株结薯 3~5 个，大中薯率 90%以上。苗期喜温抗旱，耐病毒病，较抗环腐病和疮痂病，感晚疫病。该品种大中薯率高，商品性好，能及早上市，便于早倒茬。

17. 尤金　由辽宁省本溪市马铃薯研究所育成。1996 年通过辽宁省品种审定委员会审定。

该品种为中熟品种，从播种到收获 90~95 天。株型直立，株高 60 厘米左右，茎紫褐色，叶深绿色。植株较抗病毒病和晚疫病，块茎椭圆形，黄皮黄肉，芽眼平浅，块茎抗腐烂，耐储运。块茎大而整齐，大中薯率达 90%以上。

18. 富金　由辽宁省本溪市马铃薯研究所育成。2005 年通过辽宁省农作物品种审定委员会审定。

该品种属早中熟品种，生育期 85 天左右。植株属中间型，平肥地株高 50 厘米左右，块茎圆形，黄皮黄肉，表皮光滑，老熟后薯皮呈细网纹状，芽眼浅，块茎大而整齐；休眠期中等。匍匐茎短，结薯集中，单株结薯 4~6 个，丰产性和稳产性好。该品种对病毒病有较强的抗性和耐性，抗真菌、细菌性病害，耐湿性强，对晚疫病有较强的抗性。抗腐烂、耐储运。

（二）适宜北方地区一季作区种植的优良品种

该区以种植高产、抗晚疫病、抗病毒病、中晚熟或晚熟的专用型（鲜食和淀粉加工等）品种为主，同时也可种植少部分早熟或早中熟品种，为城市近郊提供菜用薯，提早供应市场，或为中原地区提供种薯。

1. 克新 1 号　由黑龙江省农业科学院马铃薯研究所 1963 年育成。1984 年经国家农作物品种审定委员会审定，1987 年获国家发明二等奖。

该品种株型开展，分枝数中等，株高 70 厘米左右，茎绿色，生长势强；耐储藏。中熟，生育期 95 天左右。植株抗晚疫病，高抗环腐病，高抗卷叶病毒病，耐束顶病毒病，对马铃薯纺锤块茎类病毒有耐病性，块茎感晚疫病，较耐涝。

2. 克新2号 由黑龙江省农业科学院马铃薯研究所育成。1986年通过国家农作物品种审定委员会审定为国家级品种。

该品种为中熟品种，从播种到成熟110天左右。植株抗晚疫病，抗花叶病毒病。株型直立，茎粗壮，株高60厘米左右；块茎圆形至椭圆形，结薯集中，大而整齐，黄皮淡黄肉，芽眼较浅，顶芽有淡红色素。块茎休眠期长，耐储藏。适应范围广，特别适于干旱地。

3. 克新3号 由黑龙江省农业科学院马铃薯研究所用米拉作母本，卡它丁作父本杂交育成。1986年通过国家农作物品种审定委员会审定为国家级品种。

该品种为中熟品种，从播种到成熟110天左右。植株较抗晚疫病，高抗花叶和卷叶病毒病，耐束顶病毒病，耐涝。株型开展，株高65厘米左右，生长势强；黄皮淡黄肉，表皮粗糙，块茎大而整齐，芽眼多而深，结薯集中。块茎休眠期长，耐储藏。

4. 克新12号 由黑龙江省农业科学院马铃薯研究所选育而成。1992年3月通过黑龙江省农作物品种审定委员会审定。

该品种为中熟品种，生育期110天左右。株高68厘米左右，株型直立，茎绿色，粗壮，花冠白色；块茎圆形，黄皮淡黄肉，表皮光滑，芽眼浅，薯形整齐，大中薯率80%以上，蒸食起沙，食味好。适于加工，耐储藏。田间较抗晚疫病。

5. 克新13号 由黑龙江省农业科学院马铃薯研究所选育而成。1999年3月通过黑龙江省农作物品种审定委员会审定命名。

该品种为中晚熟品种，生育期100天左右（出苗至茎叶枯黄）。株高65~70厘米，茎粗壮，块茎圆形，黄皮淡黄肉，表皮有网纹，芽眼深度中等，耐储性强。对马铃薯Y病毒田间过敏，抗马铃薯卷叶病毒病，耐马铃薯纺锤体块茎类病毒病，轻感烟草花叶病毒病。田间抗晚疫病，抗环腐病。

6. 克新 14 号　由黑龙江省农业科学院马铃薯研究所育成。2003 年通过黑龙江省农作物品种审定委员会审定。

该品种为中晚熟品种，生育期 100 天左右。株高 60 厘米左右，茎绿色，花冠紫色，块茎圆形，黄皮淡黄肉，麻皮，芽眼深度中等，耐储性强。田间高抗晚疫病，抗病毒病。

7. 克新 15 号　由黑龙江省农业科学院马铃薯研究所育成。2003 年通过黑龙江省农作物品种审定委员会审定。

该品种为中晚熟品种，生育期 100 天左右。株高 55 厘米左右，茎绿色，花冠白色，块茎圆形，黄皮黄肉，表皮有网纹，芽眼深度中等，耐储性强。田间高抗晚疫病，抗病毒病。

8. 克新 16 号　由黑龙江省农业科学院马铃薯研究所育成。2005 年通过黑龙江省农作物品种审定委员会审定。

该品种为中晚熟品种，生育期 90 天左右。株高 70 厘米左右。块茎圆形，麻皮白肉，芽眼浅，耐储性较强。田间中抗晚疫病，较抗病毒病。

9. 克新 17 号　由黑龙江省农业科学院马铃薯研究所杂交育成。2005 年通过黑龙江省农作物品种审定委员会审定。

该品种为中晚熟品种，生育期 90 天左右。株高 60 厘米左右，块茎长筒形，白皮白肉，芽眼浅，耐储性强。田间中抗晚疫病，抗马铃薯 X 病毒，中抗马铃薯 Y 病毒，感马铃薯卷叶病毒病。

10. 克新 18 号　由黑龙江省农业科学院马铃薯研究所育成。2005 年通过黑龙江省农作物品种审定委员会审定。

该品种为中晚熟品种，生育期 90 天左右。株型直立，株高 66 厘米左右，块茎圆形，白皮白肉，表皮光滑，块茎大而整齐，大中薯率 90%以上，芽眼浅。抗花叶及卷叶病毒病，田间高抗晚疫病。耐储性强，丰产性好。结薯集中，食味好。

11. 克新 19 号 由黑龙江省农业科学院马铃薯研究所育成。2006 年通过黑龙江省农作物品种审定委员会审定。

该品种为中晚熟品种，生育期 100 天左右。株高 60 厘米左右，茎粗壮，块茎椭圆形，白皮白肉，表皮略麻，芽眼浅，耐储性较强。田间高抗晚疫病，较抗病毒病。

12. 克新 20 号 由黑龙江省农业科学院马铃薯研究所育成。2007 年通过黑龙江省农作物品种审定委员会审定。

该品种为中晚熟品种，生育期 95 天左右，株高 65 厘米左右，茎粗壮，绿色，淡紫色花。田间抗晚疫病，较抗病毒性退化。块茎圆形，黄皮淡黄肉，表皮略麻，芽眼浅，耐储性较强。

13. 克新 21 号 由黑龙江省农业科学院马铃薯研究所选育而成。2008 年 3 月通过黑龙江省农作物品种审定委员会审定。

该品种为早熟品种，出苗后 70 天收获。田间中抗晚疫病，较抗马铃薯 X 病毒、马铃薯 Y 病毒。株高 55 厘米左右，块茎椭圆形，浅黄麻皮黄肉，芽眼浅，耐储藏。

14. 中薯 2 号 由中国农业科学院蔬菜花卉研究所育成。1990 年通过北京市农作物品种审定委员会审定。

该品种为极早熟品种，出苗后 50~60 天收获。株高 55 厘米左右，抗马铃薯花叶和卷叶病毒病，易感重型花叶病毒病、疮痂病和晚疫病。块茎扁圆形，黄皮黄肉，表皮光滑，芽眼浅，耐储藏。

15. 大西洋 1987 年由农业部从美国引入我国种植，是目前用于油炸薯片的主要品种。

该品种为中熟品种，出苗后 90 天收获，株高 50 厘米左右，块茎圆形或短椭圆形，黄皮白肉，皮粗有网纹，芽眼浅而少，耐储藏。植株易感晚疫病和环腐病，对马铃薯 X 病毒免疫，较抗马铃薯卷叶病毒病。

16. 夏坡蒂 加拿大品种，1987 年引入我国种植，是目前用于油炸薯条的主要品种。

该品种为中熟品种，出苗后 100 天左右收获。株高 70 厘米左右，茎黄绿色，花冠淡紫色。该品种感晚疫病、早疫病和疮痂病，易感马铃薯 X 病毒、马铃薯 Y 病毒和马铃薯卷叶病毒病。块茎长椭圆形，白皮白肉，表皮光滑，芽眼浅。

17. 坝薯 9 号　由河北省张家口市坝上农业科学研究所育成。1986 年通过河北省农作物品种审定委员会审定。

该品种为中熟品种，出苗后 90 天左右收获。株高 60 厘米左右，块茎较抗晚疫病，抗花叶和卷叶病毒病，感环腐病和疮痂病。块茎长椭圆形，白皮白肉，表皮光滑，芽眼深度中等，耐储藏。

18. 坝薯 10 号　由河北省张家口市坝上农业科学研究所育成。

该品种为晚熟品种，全生育期 108 天。大田种植表现抗晚疫病，较抗环腐病。株型直立，株高 80 厘米左右，块茎圆稍扁，淡黄皮淡黄肉，表皮光滑，是淀粉加工的首选品种。芽眼深浅中等，休眠期较长，耐储藏。

19. 晋薯 2 号　由山西省农业科学院高寒区作物研究所育成。1984 年通过国家农作物品种审定委员会审定。

该品种为中熟品种，出苗后 95 天收获，株高 80 厘米左右。植株中感晚疫病和黑胫病，抗环腐病，轻感卷叶病毒病和纺锤块茎类病毒病，对皱缩花叶病毒病过敏，抗旱性较强。块茎扁圆形，黄皮白肉，表皮较粗糙，芽眼深度中等，耐储藏。

20. 晋薯 5 号　由山西省农业科学院高寒区作物研究所育成。1980 年通过山西省农作物品种审定委员会审定。

该品种为中晚熟品种，出苗后 115 天左右收获，植株高 70 厘米左右，茎深绿色，花冠白色。抗晚疫病、环腐病和黑胫病，轻感卷叶病毒病和纺锤块茎类病毒病。块茎扁圆形，黄皮黄肉，表皮光滑，芽眼深度中等，耐储藏。

21. 晋薯7号　由山西省农业科学院高寒区作物研究所于1987年育成。2007年通过山西省农作物品种审定委员会审定。

该品种株型直立。生育期从出苗至成熟115~120天，属晚熟品种。田间长势强，匍匐茎短，结薯集中。抗旱性强，抗晚疫病、早疫病。株高60~90厘米。茎秆绿色，茎节处有紫色素。茎粗平均1.52厘米，茎断面呈三棱形，茎翼波状。主茎分枝10个左右。结薯集中，块茎大而整齐，150克以上大薯率达70%左右。

22. 晋薯13号　由山西省农业科学院高寒区作物研究所育成。2004年通过山西省农作物品种审定委员会审定。

该品种为中晚熟品种，出苗后105天左右收获。株高80厘米左右。植株抗晚疫病，对病毒病有一定的耐病性。块茎圆形，黄皮淡黄肉，芽眼深度中等，耐储藏。

23. 陇薯2号　由甘肃省农业科学院粮食作物研究所育成。1990年通过甘肃省农作物品种审定委员会审定。

该品种为晚熟品种，出苗后120天收获，株高65厘米左右。抗晚疫病，抗环腐病和黑胫病，田间抗病毒病。块茎扁椭圆形，黄皮黄肉，芽眼深度中等。

24. 陇薯3号　由甘肃省农业科学院粮食作物研究所育成的高淀粉马铃薯新品种。1995年通过甘肃省农作物品种审定委员会审定，2002年4月获甘肃省科技进步二等奖。

该品种为中晚熟品种，出苗至成熟110天左右。株型半直立，较紧凑，株高60~70厘米。抗病性强，产量高，高抗晚疫病，对花叶、卷叶病毒病具有田间抗性。块茎扁圆形或椭圆形，大而整齐，黄皮黄肉，芽眼较浅并呈淡紫红色。结薯集中，块茎休眠期长，耐储藏。

25. 陇薯6号　由甘肃省农业科学院粮食作物研究所育成。2005年通过国家农作物品种审定委员会审定。

该品种为中晚熟鲜食品种，出苗后115天左右收获。株型半直立，株高70~80厘米，块茎扁圆形，淡黄皮白肉，芽眼较浅，块茎休眠期中长，较耐储藏。田间表现抗退化能力强，抗晚疫病。中抗轻花叶病毒病，感重花叶病毒病，中感晚疫病。

26. 中薯9号 由中国农业科学院蔬菜花卉研究所育成。2006年通过国家农作物品种审定委员会审定。

该品种为中晚熟品种，出苗后生育期95天左右。植株直立，生长势强，株高60厘米左右。块茎长圆形，淡黄皮淡黄肉，薯皮光滑，芽眼浅，匍匐茎短，结薯集中，块茎大而整齐。抗轻花叶病毒病，感重花叶病毒病，轻度至中度感晚疫病。

27. 中薯10号 由中国农业科学院蔬菜花卉研究所与加拿大农业部马铃薯研究中心合作育成。2006年通过国家农作物品种审定委员会审定。

该品种为中熟炸片品种，出苗后生育期85天左右。株型直立，生长势中等，株高52厘米左右。块茎圆形，淡黄皮白肉，薯皮粗糙，芽眼浅，匍匐茎短，结薯集中，块茎大而整齐。抗轻花叶病毒病，高抗重花叶病毒病，轻度至中度感晚疫病。

28. 中薯11号 由中国农业科学院蔬菜花卉研究所与加拿大农业部马铃薯研究中心合作育成。2006年通过国家农作物品种审定委员会审定。

该品种为中熟炸片品种，出苗后生育期83天左右。株型直立，生长势中等，株高50厘米左右。高抗花叶病毒病，轻度至中度感晚疫病。块茎圆形，黄皮白肉，薯皮粗糙，芽眼浅，匍匐茎短，结薯集中，块茎大而整齐。

29. 东农305 由东北农业大学育成。2004年通过黑龙江省农作物品种审定委员会审定。

该品种为早中熟品种，从出苗到成熟75天左右，株高60厘米左右，分枝中等。植株田间中抗晚疫病，对马铃薯Y病毒具有过敏抗性。抗旱性及耐涝性中等。块茎椭圆形，白皮白肉，芽眼浅，大小整齐。

30. 东农 306 由东北农业大学育成。2006 年通过黑龙江省农作物品种审定委员会审定。

该品种为中熟品种，生育期 85 天左右。植株高度 60 厘米左右，植株中抗晚疫病，中抗马铃薯 X 病毒。块茎长筒形，紫皮紫肉，表面光滑，芽眼浅，块茎较匀称整齐，结薯集中。

31. 克新 11 号 由黑龙江省农业科学院育成。1990 年通过黑龙江省农作物品种审定委员会审定。

该品种生育期 130 天以上，为晚熟品种。株型开展，株高 45~55 厘米，茎叶抗马铃薯 Y 病毒，轻感卷叶病毒病。块茎椭圆形，黄皮黄肉，芽眼浅，表皮光滑，收后 3 个月才度过休眠期，耐储性好。

32. 春薯 5 号 由吉林省蔬菜花卉研究所育成。1997 年通过吉林省农作物品种审定委员会审定。

该品种为早熟品种，出苗后 70 天左右收获。植株中抗晚疫病，对重型花叶病毒病过敏，易感疮痂病。株型松散，株高 60~70 厘米，薯皮不光滑，芽眼少而浅，结薯集中，耐储藏。

33. 冀张薯 7 号 由河北省高寒作物研究所育成。2004 年通过河北省农作物品种审定委员会审定。

该品种为中熟品种，出苗后 85 天左右收获。植株抗马铃薯 Y 病毒、S 病毒和卷叶病毒病，感马铃薯 X 病毒。对晚疫病有耐病性。株型半直立，株高 65~75 厘米，分枝中等。块茎圆形，薯皮淡黄色，有网纹，薯肉白色，芽眼浅，呈浅蓝色，结薯较集中。

34. 冀张薯 4 号 由河北省张家口市坝上农业科学研究所育成。1998 年通过河北省农作物品种审定委员会审定。

该品种生育期 95~100 天，为中熟品种，株型半直立，分枝多，植株繁茂，花期较长。抗晚疫病，生育后期轻感卷叶病毒病和束顶病毒病。株高 75～80 厘米。薯形长椭圆形，白皮白肉，芽眼平浅，分布均匀，大中薯率 75% 以上。块茎休眠期 65～70 天。加工品质优。

35. 布尔班克　美国品种，由农业部引入我国。

该品种为晚熟品种，出苗后 120 大收获。该品种感晚疫病、束顶及皱缩花叶病毒病。该品种对栽培条件要求严格，产量因栽培条件不同而波动较大。株型直立，株高 70 厘米左右，茎秆粗壮，有紫色素分布。块茎长椭圆形，薯皮褐色，有网纹，表皮较粗糙，薯肉白色，芽眼少而浅，块茎大而整齐，结薯集中，休眠期长，耐储藏。

36. 晋薯 1 号　由山西省农业科学院高寒区作物所育成。1997 年通过山西省农作物品种审定委员会审定。

该品种为早中熟品种，生育期 80 天。株型直立，株高 40～50 厘米，茎绿色兼紫色斑纹。叶片肥大，叶色深绿。植株高抗晚疫病，对病毒病的皱缩花叶（马铃薯重花叶病毒病和普通花叶病毒病）过敏，抗干旱，耐瘠薄。块茎圆形，紫皮白肉，芽眼中等深度，结薯集中，块茎大而整齐。

37. 渭薯 1 号　由甘肃省渭源县会川镇农业技术推广站育成的淀粉加工和菜用兼用型晚熟品种。

该品种株型直立，分枝中等。中抗晚疫病和黑胫病，感环腐病，退化慢。结薯较集中。块茎长形，白皮白肉，中等大小，芽眼深，表皮光滑。

38. 青薯 168　由青海省农业科学院作物研究所育成。1989 年通过青海省农作物品种审定委员会审定，1993 年通过国家农作物品种审定委员会审定。

该品种植株直立，茎秆粗壮，结薯较早且集中，块茎长圆形，薯形好，薯皮红色、光滑、芽眼浅，薯肉黄色。全生育期 164 天，抗病性和抗逆性较强，耐储藏，食味中等。

39. 紫花白 由内蒙古乌兰察布市（原乌兰察布盟，2003 年 12 月 1 日撤盟换市）农业科学研究所育成。1992 年通过内蒙古农作物品种审定委员会审定，2000 年通过陕西省农作物品种审定委员会认定。

该品种生育期 100 天左右，为中晚熟品种。株型半直立，植株繁茂，长势强，株高 55～65 厘米，结薯集中，单株结薯 4～5 个。结薯早，中后期块茎膨大快。块茎椭圆形，白皮白肉，块大整齐，表皮光滑。田间较抗花叶病毒病和卷叶病毒病、较抗纺锤块茎类病毒病。田间植株中抗晚疫病，块茎抗性较强，抗环腐病，耐储性强。

40. 台湾红皮 生育期 105 天左右，中晚熟高产品种，植株半直立、繁茂，生长势强，茎粗壮，株高 60～70 厘米，分枝少，叶色深绿，单株结薯 4～5 个，结薯期早且集中，块茎膨大快，椭圆形，红皮黄肉，表皮较粗糙、芽眼浅，适应性和抗旱性较强。较抗花叶病毒病，对花叶病毒病免疫；较抗卷叶病毒病；植株较抗晚疫病，块茎抗晚疫病，植株及块茎抗环腐病，抗癌肿病。休眠期较长、耐储性中上等。

41. 高原 7 号 由青海省农林科学院育成。1978 年通过青海省农作物品种审定委员会审定。

该品种为中晚熟品种，生育期 120 天左右。株型直立，株高 80 厘米左右，块茎椭圆形，黄皮黄肉，表皮光滑，块茎大而整齐，结薯集中。块茎休眠期特短，耐储性中等。轻感花叶病毒病，较抗卷叶病毒病，对类病毒病耐病；植株轻感、块茎中抗晚疫病；植株较抗环腐病、块茎抗环腐病，较耐涝。

42. 维道克 由内蒙古呼伦贝尔市（原呼伦贝尔盟，2001 年 10 月撤盟设市）农业科学研究所承担国际合作研究项目，于 1999 年从白俄罗斯引进脱毒试管苗繁殖后试验种植的新品种。

该品种生育期在 110 天以上，为中晚熟品种。株型半直立，植株繁茂，长势强，株高 75 厘米左右，结薯集中，整齐均匀，浅黄皮浅黄肉，表皮较粗糙，薯形圆，芽眼浅、芽眼数目中等，块茎休眠期较长，耐储藏。对花叶病毒病表现较强的抗病能力。植株和块茎对早疫病及晚疫病均具有较强的抗病性，较抗疮痂病，抗逆适应性好。

43. 斯诺顿　由中国农业科学院蔬菜花卉研究所 1994 年从美国威斯康星州引进的用于薯片加工用的品种。

该品种生育期 100~110 天，为中熟品种。株型直立，株高 35~40 厘米，分枝较少，绿色，叶色浅黄。结薯集中，块茎圆形，芽眼浅且少，薯皮白色，稍有细微网纹，薯肉白色。植株易感晚疫病。

44. 阿克瑞亚　由中国农业科学院蔬菜花卉研究所 1994 年从荷兰 AGRICO 公司引入国内。1998 年通过北京市农作物品种审定委员会认定为炸薯条专用品种。

该品种生育期 100 天左右，为中晚熟品种。株型直立，株高 70 厘米左右，块茎长椭圆形，表皮光滑，呈淡黄色，薯肉深黄色，大而整齐，芽眼少而浅，结薯集中，大中薯率为 84%。植株高抗马铃薯 Y 病毒和 A 病毒，对马铃薯 X 病毒表现免疫。块茎轻度感染晚疫病，叶片中度感染晚疫病。

45. 内薯 3 号　由内蒙古鄂尔多斯市（原伊克昭盟，2001 年改名为鄂尔多斯市）农业科学研究所 1978 年育成。

该品种生育期 100 天左右，为中熟品种。株型扩散，株高 55~60 厘米，结薯集中，侧小叶 3~4 对，薯形椭圆，块茎整齐而大，皮色浅黄，表皮光滑，肉黄色。抗病毒病；对晚疫病植株中抗，块茎较抗；环腐病植株较抗，块茎抗病；对黑胫病植株高抗。抗旱性较弱。

46. 维拉斯　由内蒙古呼伦贝尔市农业科学研究所承担的国际合作研究项目，于 1999 年从白俄罗斯引进脱毒试管苗繁殖后试验种植的新品种。

该品种为中熟偏晚品种，生育日数为出苗至成熟 105 天以上。株型半直立，生长繁茂，株高 70 厘米左右，结薯集中、整齐均匀，薯形椭圆，薯皮薯肉浅黄色，薯皮较粗糙，芽眼浅、数目中等，块茎休眠期较长，耐储藏。对病毒病表现出较强的抗病能力。田间植株和块茎对早疫病、晚疫病表现出极强的抗病性，抗疮痂病能力较强，有极强的抗逆适应性能。

47. 蒙薯 14 号 由内蒙古呼伦贝尔市农业科学研究所育成的高淀粉品种。2003 年通过内蒙古自治区农作物品种审定委员会审定。

该品种生育期 95 天左右，为中熟品种。株型半直立，分枝数中等，株高 70 厘米左右，块茎圆形，黄皮黄肉，表皮较粗糙，芽眼浅、数目中等，结薯集中、整齐均匀，空心率低，商品薯率达 90%以上，耐储藏。植株和块茎抗疫病能力强，抗主要病毒病能力强。

48. 蒙薯 10 号 由内蒙古呼伦贝尔市农业科学研究所育成。2002 年通过内蒙古自治区农作物品种审定委员会审定。

该品种为中熟品种，出苗到成熟 98 天左右，块茎圆形，黄皮黄肉，芽眼浅，大中薯率达到 90%以上，综合农艺性状好，非常适合淀粉加工，较普通品种增产淀粉 30%以上。该品种对晚疫病有很强的抗病性。

49. 内薯 7 号 由内蒙古呼伦贝尔市农业科学研究所育成。1994 年通过内蒙古自治区农作物品种审定委员会审定。

该品种生育期 98 天左右，株型直立，繁茂，株高 65~70 厘米，单株结薯 9~12 个，块茎整齐，结薯期较早，块茎膨大快。浅黄皮浅黄肉，薯形圆形，芽眼较浅、数目较少，高抗病毒病。植株高抗晚疫病，块茎对晚疫病抗性较强。休眠期较长，储藏性强。

50. 晋薯 14 号　由山西省农业科学院高寒区作物研究所育成。2004 年 1 月通过山西省农作物品种审定委员会审定。

该品种为中晚熟品种，生育期 110 天左右，株型直立，株高 75~95 厘米，分枝中等，生长势强，植株整齐，茎秆粗壮，叶片肥大，叶色深绿。块茎圆形，淡黄皮浅黄肉，芽眼深浅中等，匍匐茎短，结薯集中，单株结薯 4~6 个，大中薯率 85%左右，块茎休眠期中等，耐储藏。抗病性强，抗旱耐瘠。

51. 青薯 4 号　由青海省农林科学院作物所育成。2003 年通过青海省农作物品种审定委员会审定。

该品种生育期 162 天左右，为晚熟品种。株型直立高大，生长势强。株高 110 厘米左右，块茎椭圆形，表皮光滑、白色，薯肉白色。芽眼浅，芽眼数 5~7 个。结薯集中，休眠期 35 天左右。耐旱、耐寒性强，耐盐碱性强，块茎耐储藏。较抗晚疫病、环腐病、黑胫病，抗花叶病毒病。

52. 同薯 23 号　由山西省农业科学院高寒区作物研究所育成。2004 年通过全国农作物品种审定委员会审定。

该品种生育期约 106 天，为中晚熟品种。植株直立，茎绿色带紫斑，茎秆粗壮，分枝较少，株高 60~80 厘米。块茎扁圆形，大而整齐，黄皮淡黄肉，芽眼深浅中等，薯皮光滑。植株抗病耐退化，抗病毒病，无环腐病和黑胫病发生，轻度感染晚疫病。根系发达，抗旱耐瘠。耐储藏。旱薄丘陵及平川种植均可获得较高产量。

53. 庆薯 1 号　由甘肃省陇东农学院农学系（农科所）育成。2004 年通过甘肃省农作物品种审定委员会审定。

该品种生育期为 112 天左右，为中晚熟品种。株型半直立，平均株高 58. 6 厘米，块茎椭圆形，薯皮薯肉白色，芽眼少而浅，月状芽眉浅红色是该品种的显著特征。单株平均结薯 4. 5 个，平均单薯重 178. 1 克，商品率高，结薯集中，耐储藏。抗晚疫病、环腐病、黑胫病，该品种对光反应敏感，适播期长。

54. 互薯3号 由青海省互助县农业技术推广中心育成。2005年通过青海省农作物品种审定委员会审定。

该品种生育期164天左右，为晚熟品种。株型高大、直立，植株繁茂，根系发达，株高73.2厘米左右，块茎圆形，薯皮浅黄色，芽眼较深，芽眼数7个左右，脐部凹陷，深度中等。结薯集中，较整齐，商品率高，耐储藏，休眠期45天左右。

55. 同薯20号 由山西省农业科学院高寒区作物研究所育成。2005年通过国家农作物品种审定委员会审定。

该品种生育期100~110天，为中晚熟品种。株型直立，株高70~95厘米，块茎圆形，黄皮黄肉，薯皮光滑，芽眼深浅中等，结薯集中，单株平均结薯4.7个，块茎大而整齐，商品性好。抗病毒病、环腐病和黑胫病，植株轻感晚疫病，中抗病毒病，重度感晚疫病。生长势强，抗旱耐瘠，块茎膨大快，产量潜力大，耐储藏。

56. 青薯8号 由青海省农林科学院作物所育成。2005年通过青海省农作物品种审定委员会审定。

该品种生育期136天左右，为中晚熟品种。株高67.2厘米左右，块茎圆形，表皮白色、光滑，薯肉白色，芽眼浅，结薯集中，耐储藏。耐旱、耐寒性强，耐盐碱性强。抗晚疫病、环腐病、黑胫病，较抗马铃薯花叶病毒病及卷叶病毒病。

57. 新大坪 由甘肃省定西市安定区农业技术推广中心育成，2005年通过甘肃省农作物品种审定委员会审定。

该品种生育期100天左右，为中熟品种。幼苗长势强，成株繁茂，株型半直立，分枝中等，株高40~50厘米。块茎椭圆形，白皮白肉，表皮光滑，芽眼较浅且少。结薯集中，田间抗马铃薯病毒病、中抗马铃薯早疫病和晚疫病，块茎休眠期中等，耐储性强，抗旱耐瘠。

58. 晋薯15号　由山西省农业科学院高寒区作物研究所育成。2006年通过山西省农作物品种审定委员会审定。

该品种生育期110天左右，为中晚熟品种。株型直立，株高85~100厘米，薯块扁圆形，淡黄皮淡黄肉，芽眼深浅中等，结薯集中，块茎大小中等，整齐度高，150克以上商品薯率超过80%。耐盐碱。抗花叶病毒病、晚疫病，对环腐病、黑胫病有较好的田间水平抗性，较抗疮痂病。

59. 冀张薯8号　由河北省高寒作物研究所育成。2006年通过国家农作物品种审定委员会审定。

该品种生育期99天左右，为中晚熟鲜食品种。株型直立，生长势强，株高68.7厘米左右。块茎椭圆形，淡黄皮，乳白肉，芽眼浅，薯皮光滑，单株平均结薯5.2个，商品薯率75.8%，高抗轻花叶病毒病和重花叶病毒病，轻度至中度感晚疫病。

60. 宁薯12号　由宁夏固原市农业科学研究所育成。2007年通过宁夏农作物品种审定委员会审定。

该品种生育期106天左右，为中熟品种，株高30~50厘米，块茎大小中等且整齐，匍匐茎较短，结薯集中，块茎圆形，薯皮及薯肉颜色浅黄，芽眼浅。抗旱耐瘠薄，中抗晚疫病、环腐病，轻感花叶病毒病和卷叶病毒病。块茎膨大快，块茎休眠期长，耐储藏。

61. 晋薯16号　由山西省农业科学院高寒区作物研究所育成。2007年通过山西省农作物品种审定委员会审定。

该品种生育期110天左右，为中晚熟鲜食品种。株型半直立，分枝多，株高70厘米左右，生长势强。块茎扁圆形，黄皮黄肉，芽眼深浅中等。匍匐茎短，结薯早而集中，抗旱，耐盐碱。轻感花叶病毒病，对黑胫病、晚疫病有较好的田间水平抗性，较抗疮痂病，块茎休眠期中等，耐储藏。

62. 青薯6号　由青海省农林科学院育成。2005年通过青海省农作物品种审定委员会审定，2009 年通过国家农作物品种审定委员会审定。

该品种生育期 115 天左右，为中晚熟油炸薯片加工品种。株高 59 厘米左右，株型直立，块茎圆形，白皮白肉，芽眼浅。植株中抗马铃薯 X 病毒病，中抗马铃薯 Y 病毒病，高抗马铃薯晚疫病。

（三）适宜南方地区秋冬或冬春二季作区种植的优良品种

1. 中薯 2 号 由中国农业科学院蔬菜花卉研究所育成。1990 年通过北京市农作物品种审定委员会审定。

该品种为早熟品种，出苗后 50 天可收获商品薯。其高产、稳产，抗花叶和卷叶病毒病。中薯 2 号植株为扩散型，株高 60~70 厘米。单株结薯集中，块茎大而整齐，块茎圆形，皮光滑，芽眼中深，白皮白肉，块茎休眠期短。

2. 金冠 由华南农业大学园艺系选育的早熟品种。

该品种出苗至成熟 65 天左右。株型直立，分枝较少，株高 60 厘米左右。块茎较大，商品薯率达 90%以上。块茎肾形，薯皮光滑，芽眼少而浅，浅黄皮浅黄肉，结薯集中。不抗晚疫病。

3. 集农 958 由黑龙江省集贤农场育成。河北省农作物品种审定委员会认定。

该品种属中熟菜用和淀粉加工兼用型品种。出苗至成熟约 105 天。感晚疫病、环腐病较轻，退化轻。植株开展，分枝少，株高 40~60 厘米。块茎圆形，黄皮黄肉，芽眼中等，结薯集中，块茎较整齐。

4. 川芋 56 号 由四川省农业科学院作物研究所育成的早熟菜用型品种。

该品种株型开展，株高 50 厘米左右，主茎粗壮。植株抗癌肿病，感晚疫病，不抗青枯病。块茎椭圆形，表皮光滑，黄皮黄肉，芽眼较浅，块茎大而整齐，结薯集中。块茎休眠期长，耐储藏。

5. 鄂 802—552　由中国南方马铃薯研究中心选育。

该品种出苗至成熟 90 天左右。该品种出苗早，发苗快，结薯早，膨大快，大中薯率 75%以上。株型扩散，株高 40 厘米左右，结薯集中，块茎椭圆形，表皮光滑，芽眼浅，黄皮黄肉，食味上等。较抗晚疫病，耐病毒病，不抗青枯病。

6. 鄂马铃薯 1 号　由中国南方马铃薯研究中心育成。1996 年通过湖北省农作物品种审定委员会审定。

该品种株高 50 厘米左右，生育期 90~95 天，结薯集中。块茎扁圆形，黄皮白肉，表皮光滑，芽眼浅，大中薯率 80%左右。较耐储藏，较抗晚疫病，轻染普通花叶病毒病。

7. 鄂马铃薯 3 号　由中国南方马铃薯研究中心育成。2003 年通过国家农作物品种审定委员会审定。

该品种生育期 88 天左右，块茎休眠期 60 天左右。植株抗晚疫病，块茎抗性较差，轻感花叶病毒病，中感卷叶病毒病，轻感青枯病。株高 60 厘米左右，结薯集中，大中薯率 90%以上，块茎扁圆形，黄皮白肉，表皮光滑，芽眼浅。

8. 鄂马铃薯 5 号　由中国南方马铃薯研究中心育成。2005 年 3 月通过湖北省农作物品种审定委员会审定。2008 年通过国家农作物品种审定委员会审定。

该品种为中熟品种，生育期 90 天左右。株型半扩散，株高 59 厘米左右；结薯集中，大中薯率 85%，块茎扁椭圆形，黄皮白肉，表皮光滑，芽眼浅，芽眉较大。高抗晚疫病，块茎耐储藏，休眠期 60 天左右。

9. 鄂马铃薯 6 号　由中国南方马铃薯研究中心育成。2008 年通过国家农作物品种审定委员会审定。

该品种属中晚熟薯片加工品种，生育期 93 天左右。植株扩散，生长势较强，株高 68 厘米左右；结薯集中，块茎圆形，表皮光滑，芽眼浅，黄皮淡黄肉，商品薯率63.2%。单株主茎数5个，单株结薯10个左右。植株高抗马铃薯X病毒病，高抗马铃薯Y病毒病，抗晚疫病。

10. 中薯12号 由中国农业科学院蔬菜花卉研究所育成。2007年（冬作区）通过国家农作物品种审定委员会审定。2009年通过中原二作区国家农作物品种审定委员会审定。

该品种为早熟品种，生育期70天左右。植株直立，生长势较强，株高30厘米左右。植株抗马铃薯X病毒病，中抗马铃薯Y病毒病，中度感晚疫病。匍匐茎短，结薯集中，块茎椭圆形，表皮光滑，芽眼浅，黄皮黄肉，块茎大而整齐。

11. 中薯13号 由中国农业科学院蔬菜花卉研究所育成。2007年（冬作区）通过国家农作物品种审定委员会审定。2009年通过中原二作区国家农作物品种审定委员会审定。

该品种为早熟鲜食品种。从出苗到植株枯死95天左右。植株直立，生长势较强，株高32厘米左右。植株高抗马铃薯X病毒病，抗马铃薯Y病毒病，中度感晚疫病。匍匐茎短，结薯集中，块茎扁长圆形，表皮光滑，芽眼浅，黄皮黄肉，块茎大而整齐，商品薯率70%左右。

12. 中薯14号 由中国农业科学院蔬菜花卉研究所育成。2007年通过国家农作物品种审定委员会审定。

该品种为早熟品种，出苗后82天左右成熟。植株直立，生长势较强，株高25厘米左右，分枝数少，枝叶繁茂，茎绿色，叶绿色，复叶较大，花冠白色。植株抗马铃薯X病毒病，抗马铃薯Y病毒病，中度感晚疫病。匍匐茎短，结薯集中，块茎椭圆形，表皮光滑，芽眼浅，黄皮乳白肉，块茎大而整齐，商品薯率73%。

13. 鄂马铃薯4号 由中国南方马铃薯研究中心育成。2004年通过湖北省农作物品种审定委员会审定。

该品种长势强，株型半扩散，株高 50 厘米左右。从出苗到成熟 76 天左右，块茎扁圆形，黄皮黄肉，表皮光滑，芽眼浅，休眠期短。抗晚疫病、病毒病、青枯病。

14. 泉引 1 号　由福建省泉州市农业科学研究所育成。2005 年通过福建省农作物品种审定委员会审定。

该品种生育期从出苗到成熟 55~70 天，早熟品种。株型半扩散，生长势强，较抗晚疫病。株高 45~55 厘米，茎秆粗壮，分枝数 4~6 个，茎叶淡绿色，薯形扁圆，淡黄色皮白肉，表皮光滑，芽眼浅，结薯稍迟，中期膨大迅速，结薯集中，芽眼浅。

（四）适宜西南地区一二季混作区种植的优良品种

1. 川芋早　由四川省农业科学院作物所育成。1991 年通过四川省农作物品种审定委员会审定，1998 年通过国家农作物品种审定委员会审定。

该品种植株呈开展型，株高 58 厘米左右，通常主茎 2~3 个，茎粗壮，分枝 3~4 个，复叶较大，侧小叶 4 对，生长势强。植株抗马铃薯 X 病毒病和卷叶病毒病，未发现纺锤块茎类病毒病，较抗晚疫病。薯形椭圆，表皮光滑，浅黄皮浅黄肉。芽眼浅，块茎大而整齐，商品薯率 80%~85%。块茎休眠期约 40 天。

2. 米拉（米拉马尔科）　由德国引进的中熟品种，又名和平、德友 1 号。

该品种生育期 110 天左右，株型扩散，分枝较多，株高 60 厘米左右，生长势较强。抗癌肿病，感粉痂病，轻感花叶病毒病。块茎长圆形，黄皮黄肉，表皮较粗糙，芽眼中等深，结薯较分散，块茎中等大小，休眠期约 90 天，耐储藏。

3. 万芋 9 号　由重庆市万州区农业科学研究所育成。

该品种为早中熟品种，株型直立，株高 45 厘米左右。块茎扁圆形，白皮淡黄肉，芽眼较浅，表皮光滑。结薯集中，块茎中等大小、整齐，休眠期短，耐储藏。植株抗晚疫病，轻感皱缩花叶病毒病，抗旱性强。

4. 川芋56号 由四川省农业科学院作物所育成。1987年通过四川省农作物品种审定委员会审定。

该品种为早中熟品种。株型开展，株高50厘米左右。植株抗癌肿病，感晚疫病，不抗青枯病，轻感，花叶病毒病。块茎椭圆形，表皮光滑，芽眼较浅，黄皮黄肉，块茎较大而整齐，大中薯率80%以上，结薯集中。块茎休眠期短，耐储藏。食用品质好。

5. 安薯5号 由陕西省安康市农业科学研究所选育。

该品种为早中熟品种，株型开展，分枝少，株高60厘米左右。植株较抗晚疫病（块茎高抗），抗环腐病和卷叶病毒病，轻感花叶病毒病，抗旱，耐瘠薄。块茎长椭圆形，红皮黄肉，表皮光滑，芽眼较浅。结薯集中，块茎中等大小，较整齐，休眠期短，耐储藏。

6. 安薯56号 由陕西省安康市农业科学研究所育成。1994年通过国家农作物品种审定委员会审定。

该品种为早中熟品种。株型为半直立，株高42~65.5厘米。植株高抗晚疫病，轻感黑胫病，抗花叶病毒病。块茎扁圆形或圆形，黄皮白肉，芽眼较浅，块茎大而整齐，结薯集中。块茎休眠期80天左右，耐储藏。

7. 南中552 由中国南方马铃薯研究中心育成。1996年通过湖北省恩施州农作物品种审定小组审定。

该品种为早中熟品种。该品种出苗早，发苗快，结薯早，膨大快，大中薯率75%以上。株型扩散，株高40厘米左右。较抗晚疫病，耐病毒病，不抗青枯病。结薯集中，块茎椭圆形，表皮光滑，芽眼浅，黄皮黄肉，食味上等。生育期90天，可套作和二季栽培。

8. 川芋5号 由四川省农业科学院作物所育成。2000年通过四川省农作物品种审定委员会审定。

该品种为早中熟品种，生长势较强，株型扩散，株高 54 厘米。高抗晚疫病，抗重型花叶病毒病。结薯集中，块茎扁圆形，黄皮黄肉，表皮光滑。休眠期较短，为 59 天，耐储藏。

9. 凉薯 30 号　由四川省昭觉市农业科学研究所育成。1994 年通过四川省农作物品种审定委员会审定。

该品种从出苗至成熟 95 天左右，为中熟品种。该品种植株健壮，耐霜冻能力较强，高抗癌肿病，抗青枯病、晚疫病，轻感花叶病毒病，未发现皱缩花叶和束顶病株。株型直立，株高 45~60 厘米，结薯集中，块茎大而整齐，皮、肉淡黄色，表皮光滑，芽眼紫色，数量较多，深度中等，块茎休眠期长，耐储藏。

10. 威芋 3 号　由贵州省威宁县农业科学研究所育成。原名花白洋芋，1990 年定名为威芋 3 号。2002 年通过贵州省农作物品种审定委员会审定。

该品种为中熟品种，生育期 104 天左右。株型半直立，分枝 5~8 个，株高 40~60 厘米。中抗晚疫病，抗癌肿病，轻感卷叶病。块茎长扁形或长筒形，黄皮黄肉，芽眼少而浅，皮具网纹。结薯集中，块茎休眠期短，耐储藏。

11. 秦芋 30 号　由陕西省安康市农业科学研究所育成。2001 年 8 月通过陕西省农作物品种审定委员会审定，2003 年 2 月通过国家农作物品种审定委员会审定。

该品种为中熟品种，生育期 95 天左右。田间高抗晚疫病，较抗卷叶病毒病，轻感花叶病毒病。株型较扩散，生长势强，株高 36.1~78 厘米，块茎表皮光滑，芽眼浅而少（5 个以下），皮、肉淡黄色，结薯较集中，田间烂薯率低，耐储藏，休眠期 150 天左右。

12. 中甸红　由云南省迪庆州农业科学研究所及种子公司共同育成。2001 年通过专家鉴定会议审定。

该品种为中晚熟品种，生育期100天，株高70厘米左右，茎绿色，块茎椭圆形，表皮光滑，芽眼中等，微红色，淡黄皮白肉。芽眼多，耐旱、耐寒性强，休眠期中等，耐储耐运；抗青枯病、卷叶病毒病，耐美洲斑潜蝇，中抗疮痂病和普通花叶病毒病，感晚疫病。

13. 丽薯2号 由云南省丽江市农业科学研究所太安基点育成。2004年先后通过丽江市和云南省农作物品种审定委员会审定。

该品种株型直立，株高86厘米左右，块茎膨大快，结薯集中，薯形扁圆，白皮白肉，芽眼浅而少，出苗至成熟125天。田间晚疫病抗性强，耐储藏。

14. 云薯101 由云南省农业科学院马铃薯研究开发中心育成。2004年10月通过云南省农作物品种审定委员会审定。2008年通过国家农作物品种审定委员会审定。

该品种为中晚熟鲜食品种，生育期92天左右，株型松散，生长势中等，株高62.5厘米左右，分枝少，茎、叶绿色，结薯集中。块茎圆形，表皮光滑，芽眼深浅中等，黄皮淡黄肉，商品薯率67.7%。植株抗马铃薯X病毒病，中抗马铃薯Y病毒病，高抗晚疫病。

15. I—1085 1988年从国际马铃薯中心引入。

该品种为晚熟品种。株型半直立，较紧凑。茎秆较硬，后期生长势较强。高抗晚疫病，未发现青枯病、环腐病，轻感条斑花叶病毒病、普通花叶病毒病，但病株率较低。块茎卵形或长卵形。芽眼浅且少，表皮光滑，皮、肉淡黄色。结薯较分散，块茎大。休眠期较长，较耐储藏。

16. 合作88 从国际马铃薯中心引进实生种子，云南省会泽县农业技术推广中心及云南师范大学生物系选育，又称会顺88号。2001年通过云南省农作物品种审定委员会审定。2008年通过四川省农作物品种审定委员会审定。

该品种为晚熟品种，生育期140多天。株型直立，植株较紧凑，耐旱，抗癌肿病。植株高抗晚疫病，块茎不抗晚疫病，储藏期间烂薯较多。该品种耐旱性较强，但耐涝性较差。块茎椭圆形或长圆形，特大块茎长筒形，芽眼少且浅，红皮黄肉，表皮光滑，结薯集中，块茎大，休眠期90天左右。

17. 云薯201　由云南省农业科学院马铃薯研究中心育成。2004年通过云南省农作物品种审定委员会审定。

该品种生育期107天左右，为中晚熟品种。株型半扩散，分枝较少，株高68.5厘米左右。结薯集中，薯形长椭圆形，表皮较粗糙，芽眼较浅，黄皮黄肉，休眠期较短。植株中抗晚疫病，无卷叶病和青枯病表现，轻感普通花叶病，块茎未发现晚疫病、粉痂病和环腐病，轻感疮痂病。

18. 凉薯8号　由四川省凉山州西昌农业科学研究所高山作物研究站育成。2006年通过四川省农作物品种审定委员会审定。

该品种生育期78~100天，为中晚熟品种。株型扩散，主茎弯曲，株高50~80厘米，块茎椭圆形，黄皮黄肉，表皮光滑，单株结薯8~12个，芽眼少而浅，结薯集中，大中薯率较高。抗病毒病与癌肿病。

19. 抗青9-1　由中国农业科学院植物保护研究所育成。2005年通过云南省农作物品种审定委员会审定。

该品种生育期104天左右，为中熟品种。株型半直立，株高68.5厘米左右，结薯集中，薯形近圆形，表皮光滑，芽眼较浅，紫红芽眼，白皮白肉，商品薯率81.4%。高抗到中抗青枯病，中抗到中感晚疫病，田间无卷叶病，轻感轻花叶病毒病，块茎轻感粉痂病，无疮痂病和环腐病发生。

三、栽培季节

各地多按照马铃薯所要求的温度来安排栽培季节，即把结薯期安排在低温 13~20℃的月份。春播一般考虑出苗后地上茎叶不致受晚霜损伤的情况下尽可能提早播期，夏、秋播种则考虑尽量避免炎热和多雨天气而适当推迟播期。同时要求地上茎叶在出苗后 60~70 天以上的生长期，其中结薯天数至少应有 30 天左右，才能确保丰收。中国马铃薯各栽培区的主要栽培季节见表 2-1。

表 2-1　中国马铃薯各栽培区的主要栽培季节

栽培地区		月份											
		1	2	3	4	5	6	7	8	9	10	11	12
北方一季作区	播种期			—	—								
	出苗期				—	—							
	收获期						—	—	—				
中原二季作区	播种期	—	—	—				—	—				
	出苗期		—	—	—				—	—			
	收获期				—	—				—	—		
南方冬作区	播种期								—	—	—		
	出苗期	—	—							—	—		
	收获期		—	—	—								
西南混作区	播种期	—	—	—	—	—			—	—	—	—	
	出苗期		—	—	—	—			—	—	—	—	
	收获期		—	—	—	—	—	—	—	—	—	—	—

四、栽培方式

马铃薯一般都为露地栽培，很少有保护地栽培。通常都为平作，也可与其他作物进行间套作。

（一）北方一季作区

一般都采用平作，最好的前茬是葱蒜类、黄瓜，其次为禾谷类作物及大豆。茄科作物与马铃薯遭受的病害和吸收的土壤营养物质大致相同，不宜互相轮作；马铃薯与根菜类同属吸钾多的作物，也不宜互相轮作。

（二）中原二作区和西南一二季混作区

除平作外，还利用早熟、喜凉和株矮的马铃薯品种与高秆、生长期长的喜温粮、菜如玉米、茄子、瓜类、甘蓝、大葱、甘薯等进行间套作。

（三）南方冬作区

马铃薯都在秋末冬初栽培，主要接水稻茬，即在冬闲田栽培马铃薯，常用地膜或稻草覆盖栽培。

第三章　不同种植区的栽培技术特点

一、北方和西北一季作区

北方和西北一季作区主产区包括东北三省、内蒙古、宁夏、青海、甘肃，以及河北、山西、陕西省的北部。无霜期 140~170 天，年平均温度不超过 10℃，春季气温低，回暖慢，干旱。马铃薯生长期在 5~9 月。其栽培特点为：①秋季结合施用有机肥进行深耕，增强保水、蓄水能力；春播促进早出苗和幼苗生长。②选用早熟品种结合覆盖地膜。③早除草，适当晚培土。④及时防治病虫害，尤其是防治马铃薯晚疫病。⑤易涝地区应在植株封垄前高培土，防止田间积水。

二、中原二季作区

中原二季作区主产区包括辽宁、河北、陕西、山西省南部，湖北、湖南省的东部，以及河南、山东、江苏、浙江、安徽、江西省的全部。无霜期 200~300 天，年平均温度 10~18℃。春季多进行商品薯生长；秋季前期温度高，季节短，产量低，多进行种薯生长。其栽培特点为：①春薯生产应选用早熟或极早熟品种催大芽早种，采用地膜覆盖栽培，在雨季到来之前抢晴天早收。②秋季生产应及时催芽，用整薯播种，起垄栽培，排水防涝。密度增加到每公顷 15 万株左右，以生产小种薯。及时防治病虫害，及时灌水。种薯田及时拔除退化株和其他病株。

三、南方冬作区

南方冬作区包括广东、广西、福建、海南、台湾及云南等省、自治区。无霜期在300天以上，年均温度18~24℃。气候特点为夏季长，炎热、多雨；冬季暖。于秋季水稻收获后，利用冬闲田种植马铃薯。因本地区不能留种，所以必须选用调入的种薯进行生产。其栽培特点为：①采用高畦或高垄，早种，早收。②选用早熟和适合鲜薯出口的品种。③冬季生产虽然病害不多，但应注意防治晚疫病和青枯病，因为早熟品种一般不抗这两种病害。④商品薯收获前10天左右停止浇水，收获后最好及时上市。

四、西南一二季作区

西南一二季作区为混作区，因受立体气候条件的影响，依不同海拔高度，一作、二作交互出现。主产区包括云南、贵州，四川省及湖南、湖北省西部山区。在栽培上兼有其他地区的特点，但降雨多，湿度大，是晚疫病、青枯病和癌肿病的多发区。生产上应选用结薯早、生长期短、直立型的品种与玉米、棉花等作物间作，经济效益明显。

第四章　留　种

一、马铃薯种薯生产体系

马铃薯的许多病害都会通过种薯携带传播。应用马铃薯植株茎尖组织培养，经病毒病和其他病害检测后获得脱毒试管苗，再利用组织培养、扦插等快速繁殖技术，生产脱毒原种和微型薯，在天然隔离、人为隔离条件好、冷凉季节和高寒地区通过建立脱毒薯繁殖基地，以及完善的马铃薯种薯生产体系生产优质种薯，控制病害的传播并保证品种的纯度（图 4-1）。目前中国的不同马铃薯栽培区已建立了不同的马铃薯留种体系。北方一季作区采用夏季留种，于 7 月初播种，9 月中旬收获（图 4-2）。中原二作区采用春、秋两季留种，春马铃薯由于生育季节气温较高，桃蚜等传毒介体较多，植株易感病毒并易在新生块茎中积累，故留种难度大，使用年限短。

二、种薯退化及防止措施

马铃薯长期采用传统的块茎繁殖，导致植株生长逐渐减弱、株高变矮、分枝减少、薯块变小、产量降低，从而使品种固有的优良种性发生严重退化。马铃薯种性退化的原因比较复杂，但主要是由于马铃薯世代连续感染病毒所引起。然而病毒侵染马铃薯的程度及其在寄主细胞内的代谢强度则又取决于环境条件，其中

微型薯生产流程

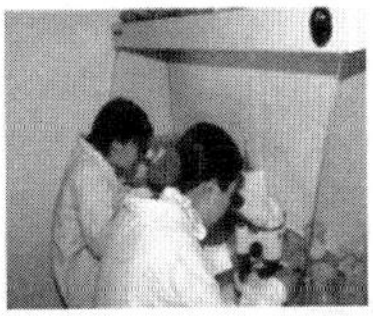

1.茎尖剥离

2.茎尖苗

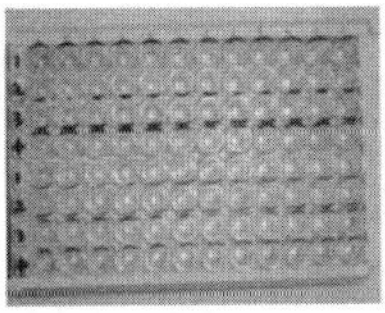

3.病毒检测

4.大量扩繁脱毒苗

5.网棚生产微型薯

6.生产的微型薯

图 4–1　脱毒种薯生产流程

	试管苗、试管薯、微型薯（工厂化生产）	基础种
	↓	
第1年	原原种（防虫网棚）	基础种
	↓	
第2年	原种（大田生产、药剂防治）	基础种
	↓	
第3年	一级种薯（大田生产、药剂防治）	合格种
	↓	
第4年	二级种薯（大田生产、药剂防治）	合格种
	↓	
第5年	商品薯生产田	

图 4–2　北方一季作区马铃薯脱毒种薯繁育体系示意图

高温极有利于病毒的侵染及其在寄主细胞内的代谢活动，因此在影响马铃薯种性退化的诸多环境因素中，高温的影响又是最主要的。另外，高温易使块茎芽的生长锥细胞发生衰老，亦会导致马铃薯种性的退化。

1. 轮作　在自然隔离条件好或者在人为隔离条件下，种薯田必须实行 3 年以上没有茄科作物的轮作，少施氮肥。

2. 适期播种 在生态、气候条件许可的前提下，选择生长期间温度较低、能避开蚜虫迁飞高峰期的季节播种，适当早播或者晚播，如北方一季作区的夏播留种，中原二季作区的阳畦繁育、秋播留种和网棚隔离播种。采用整薯播种。

3. 合理施肥，清洁田园 科学施肥，适当增加氮肥和钾肥，提高植株抗性；在种薯田出齐苗后、传病毒媒介蚜虫发生以前，拔除病、杂株，每隔 7~10 天进行 1 次，要清除地上部植株和地下部母薯及新生块茎，及时防治病虫害。

4. 合理密植，早收留种 调节种薯田的植株密度，使其大于一般商品薯生产田（90 000 株/公顷以上），实施早收留种，防止机械损伤和品种混杂。

第五章　中原地区春秋二季栽培技术

中原地区气候温和，无霜期长，土壤比较肥沃，横跨黄河、淮河两大河流。除部分高山地区外，大部分地区处于平原。由于地势和气候条件不同，西部高山地区夏季凉爽，无霜期短，适宜马铃薯生长的时间长，属于马铃薯一季栽培区。广大的平原地区虽然无霜期长，但夏季炎热（6 月上旬至 8 月上旬），冬季严寒（11 月中旬至翌年 2 月中旬），只有春秋季节适宜马铃薯生长，自然的气候条件形成了二季作栽培区。

一、春露地栽培技术

由于地势、气候条件的差异，平原二季作区春播夏收，高山地区一季栽培，晚春播，晚夏收或秋收。为了取得马铃薯高产稳产必须了解掌握外界气候条件的变化规律，满足马铃薯的生长需求。中原地区早春气温低，不适宜马铃薯生长，中原地区 2 月下旬以后、高山地区 4 月以后，气温逐渐升高，适宜马铃薯块茎萌动发芽，平原地区 4 月上中旬，高山地区 5 月中下旬马铃薯出苗，温度继续升高，适宜马铃薯茎叶生长及块茎膨大，此时，早熟品种成熟，应及时收获。山区由于海拔高度不同，温度相差极大，浅山区 7 月中旬收获，高山地区气候凉爽，早熟品种 8 月收获，中晚熟品种 9 月收获。二季栽培地区，春季马铃薯生长季节短，温度由低到高，日照时间由短到长。因此，在春季马铃薯生产中必须考虑上述的气候变化规律，采取前促后控的相应技术措施，才能使马铃薯高产稳产（图5-1）。

图5-1　春露地栽培

（一）播前准备

1. 地块选择　马铃薯种植宜选择肥厚、疏松透气性好的沙壤土，其不但适宜马铃薯块茎膨大生长，而且块茎淀粉含量高，食味好，薯皮光滑，商品性好。但沙性过大肥力差，保肥、保水能力差，肥水易渗透，产量低，应多施有机肥，化肥应分多次施，每次量应少些。黏性土壤透气性差，块茎生长发育不良，易产生畸形块茎，薯皮粗糙，品质差，并造成腐烂。但黏性土壤一般肥力好，保墒性能好，只要多施有机肥，掺沙改良土壤，勤中耕疏松土壤，马铃薯同样可以获得高产。

马铃薯生长发育需要微酸性土壤。在pH值为4.8~7的土壤种植的马铃薯生长比较正常；最适宜马铃薯生长的土壤pH值为5~5.5，在pH值为4.8以下的酸性土壤中有些品种表现出早衰减产。多数品种在pH值为5.5~6.5的土壤中生长良好，块茎淀粉含量有增加的趋势，pH值大于7时产量下降。

在强碱性土壤中种植马铃薯，有的品种播种后不能出苗，因此，在pH值为8.5以上的土壤种植马铃薯必须谨慎。含石灰质的土壤中放线菌较多，块茎易感染疮痂病。土壤 pH 值为 6~7 时疮痂病发生严重，土壤 pH 值为 5.1 时病菌活动受到抑制，种植马铃薯一般不发生疮痂病。种植马铃薯的地块要求平坦，旱能浇、涝能排，土壤耕作层深厚、疏松，以沙质壤土最佳。因为马铃薯是须根作物，根系的伸长与土壤种类、耕作条件有密切关系。同时，块茎的膨大也需要深厚、疏松、透气性好的土壤耕作层，以满足马铃薯根系伸长、块茎膨大对土壤的要求，可为马铃薯高产稳产打下良好的基础。

2. 茬口选择　种植春季马铃薯的前茬作物以大白菜、萝卜、甘蓝、大葱、黄瓜、菜豆、棉花、大豆、玉米等较好，应避免重茬和与茄科作物如番茄、辣椒、茄子、烟草等连作，在发病的情况下，连作对马铃薯产量影响更大。

3. 整地　种植马铃薯的地块要深耕，一般耕深不能浅于 23 厘米。马铃薯的根系浅，怕旱怕涝。耕地过浅，一方面表现是保墒能力差，马铃薯生长缓慢，影响产量和品质；另一方面表现是雨后水不易下渗，形成田间积水，造成植株死亡或块茎腐烂。整地要深浅一致，不漏垡，增加土壤保墒能力，以利于根系的顺利伸展及块茎快速膨大，块茎形状好，薯皮光滑。同时，还可增加土壤的透气性，促进肥料分解，满足根系对养分的需要，使根深叶茂，块茎膨大迅速。

在前茬作物收获后，应及时灭茬翻耕，使其冻垡。冻垡可风化土壤，冻死部分在土壤中越冬的害虫或虫卵。在冬季降水少的干旱地区冬耕后要及时耙地，以利于保墒。中原地区属大陆性气候，冬季少雪，春季缺雨，土壤干旱，可进行冬灌或春灌，以满足马铃薯播种后块茎发芽出苗所需的水分。

早春解冻后，要及时早耙、早耕，结合施入底肥。要求随耕随耙平，及时播种。前茬是越冬叶菜，收获后立即耙地灭茬，并要求耕翻 2 次，细耙后才能播种。春耕深度应较冬耕稍浅些，避免冬深耕翻入土的杂草种子和虫卵因春耕又翻上来，以减轻杂草和虫害为害。

4. 施入底肥 马铃薯是高产喜肥作物，其植株与块茎的生长和发育需要大量的养分，合理增施基肥，满足马铃薯对养分的需求，是提高马铃薯产量的有效技术措施。

（1）需肥特点。马铃薯需钾肥最多，氮肥次之，磷肥较少。三者的比例为4（钾）∶2（氮）∶1（磷），每生产100千克的马铃薯块茎，需要吸收氮肥0.5千克、磷肥0.2千克、钾肥2千克。

（2）施肥的种类。以牛羊猪鸡圈肥及草肥、堆肥等有机肥为主，化肥为辅。因为有机肥含有马铃薯生长需求的全面的营养元素，这些营养元素在土壤中可以逐渐分解，不断供给其生长发育的需要。不同有机肥所含养分有差异，如猪粪含氮量高，鸡粪含磷量高，羊粪含钾量高。根据所施有机肥的种类及用量，可调整化肥的配比及用量，比如地里使用的猪粪量大，就可适当减少化肥里氮的用量。实践证明，肥料效益的50%在于肥料的合理施用。均衡施肥是化肥与有机肥的配合施用，各种营养元素的均衡。基肥和种肥的种类及数量分别是，每亩地施优质土杂肥4~5立方，尿素15~20千克，过磷酸钙40~50千克，硫酸钾40~50千克。

（3）施肥方法。土杂肥于整地时撒施，化肥于播种时全部集中沟施，同时将肥料与土壤充分混合。据试验，碳酸氢铵作种肥的效果比尿素好。因此，播种时可适当增施碳酸氢铵，要适当深施。具体见表5-1。

表 5-1　施肥量与施肥种类对产量的影响

施肥种类施肥量	（千克/亩）	Ⅰ（千克）	Ⅱ（千克）	Ⅲ（千克）	平均（千克）	亩产（千克）
颗粒有机肥	1 000	32.1	40.5	32.9	35.2	3 129.0
豆粕	300	46.1	40.7	41.3	42.7	3 795.7
鸡粪	2 000	42.0	37.0	39.8	39.8	3 537.9
复合肥	150	45.3	43.1	42.2	43.5	3 866.9
鸡粪+复合肥+尿素	1 000+100+7.5	42.5	45.7	44.1	44.1	3 920.2

马铃薯对土壤的物理性有特别的敏感反应，根系的生长发育、块茎的膨大都需要有足够水分、营养和透气疏松的条件。增施足够的有机肥，不但可为马铃薯生长发育提供全面的营养，而且可以改良土壤的物理性能，满足马铃薯生长发育对土壤物理性能的要求。

施肥应以基肥为主，追肥为辅，有机肥与无机肥相结合。底肥在最后一次犁耕时施入。每亩在施 2~3 立方有机肥的基础上，再施定量的化肥。化肥有几个配方：配方一：每亩放 80 千克碳铵，80 千克过磷酸钙，40 千克硫酸钾。配方二：氮磷钾含量 15%的复合肥每亩用 80 千克，另加 15 千克尿素，20 千克硫酸钾。配方三：高氮高钾型复合肥（16-8-18）每亩 100 千克，另加 20 千克硫酸钾。如果土壤缺硫缺钙可施过磷酸钙。因为过磷酸钙不但含磷而且还含硫和钙。除此以外，每亩还可施用 2 千克硫酸锌，2 千克硼砂，2 千克硫酸镁，其他微量元素肥料根据土地缺乏情况适当补充。具体的配比可根据土质、上面推荐的用肥量及有机肥种类等做适当调整。

（4）结合播种集中沟施一些种肥。这些肥包括饼肥 10 千克/亩，复合肥 5 千克/亩等，饼肥要充分腐熟，同时还不能让种肥和种块直接接触。种肥施碳酸氢铵 15 千克、硫酸钾 40 千克、氯化钾 5~7.5 千克、过磷酸钙 25 千克于播种时撒在播种沟内并与土壤混匀（图 5-2）。

图 5-2　种肥施用图

（二）品种选择

产量是效益的基础，良种是增产的内因和高产的关键。没有优良的品种，就不能达到高产的目的。马铃薯商品薯和种薯不好区分，从种薯上看不出属性及退化程度等，所以一些地方不断出现农民因选用品种不当及采用劣质种薯进行种植生产，造成很大经济损失的情况。

1. 选种原则

（1）选择通过审定的品种。选育一个优良品种需要 10 年或更长时间，从选择亲本，进行杂交，无性世代选育，品种区域试验到大面积推广应用，要经过复杂而漫长的过程，仅河南省马铃薯区试就需要 2 年，生产示范一年；全国中原片区试又需要 3 年，经过省区试或国家区试，产量才会稳定，再通过省或国家审定后，才能大面积推广应用。因此，选用经过省审定和国家审定的品种进行生产，更容易达到马铃薯高产高效的目的。

（2）选择优质种薯。最好选用符合“GB 4406—1984 种薯”标准的马铃薯种薯，为高产高效打好基础。优质种薯生产需要有原种，并按严格的繁育操作规程进行生产。个别单位及部分经营者见利忘义，用一般生产种，甚至商品薯作为原种进行生产，将生产的劣质种薯出售给农民，种植后亩产只有几百斤，连种薯款都卖不够。因此建议农民和经销商直接到品种育成单位、正规的种子生产单位、信誉好的种薯公司购买优质种薯。

（3）认准四证。到品种育成单位调运种薯，购买调运种薯时，要认准四证：一是品种审定证书；二是种薯生产许可证；三是种薯质量合格证；四是种薯检疫证。具备上述四证的种薯才算合格种薯，才能放心种植并推广应用。品种育成单位对原种及制种技术都有严格控制，对所育成品种特征特性比较清楚，都有配套的栽培技术，所以从品种育成单位购种，能保证购到优质种薯，得到配套的技术服务，容易实现高产丰收。经过审定的品种对品种特征特性、产量表现、适宜的地区、栽培技术要点都有明确的表述，可以对号入座，进行生产。种薯质量合格证和检疫证，则可以保证本批次种薯的质量，为农民放心使用增加保险系数。调种时应特别注意，不要到病虫害发生的疫区调种，以防危险性病虫害、检疫对象传播。马铃薯癌肿病、线虫病、粉痂病、青枯病、环腐病、块茎蛾为害严重，绝对不能到疫区调种，以防上述病虫害在其他栽培地区蔓延。

（4）根据不同的种植区域选用良种。马铃薯性喜凉爽，适应性广，全国各地可以在不同的季节选用不同的品种进行栽培。

南方二季作区马铃薯种植时间为晚秋、冬季和早春，因此要选用对日照反应中性，即对日照反应不敏感、结薯早、块茎前期膨大快、休眠期短的早熟或中熟品种。另外，该区域的马铃薯多在春节前后收获，正值马铃薯市场淡季，可销往香港及东南亚等地区。因此，品种的商品性应适应市场需求，要求薯形好，大而整齐，表皮光滑，芽眼浅，食用品质好。同时要针对各地主要病害选用抗病性强的品种。

中原二季作区，除高山地区外，广大平原地区适宜春秋二季栽培。必须选择适宜二季栽培的品种，如郑薯5号（豫马铃薯1号）、郑薯6号（豫马铃薯2号）、郑薯7号、郑薯8号、中薯3号、费乌瑞它等品种。其他栽培区域也应遵循这个原则，选用适宜当地的品种进行栽培。

（5）根据不同种植方式选用品种。如套种，要考虑下茬作物种植时间，该茬间套作物高矮、繁茂程度、是否遮光及共生期长短等问题，选用株型直立、植株较矮、分枝少、结薯集中、早熟或早中熟的优良品种。

（6）根据不同用途选用品种。种植者可依据市场的需求，决定是种植菜用型马铃薯供应市场，还是种植加工型马铃薯供应加工厂，据此来确定选用哪种类型的优良品种。出口产品要求薯形椭圆、表皮光滑、芽眼极浅、红皮或黄皮黄肉的品种。炸条炸片加工要求淀粉含量不低于18%、还原糖含量不超过0.3%，芽眼浅、顶部和脐部不凹陷的品种；淀粉加工要求含淀粉高的品种等。

（7）根据品种的特性选用。在降水较少、天气干旱的地区，可用抗旱品种。在雨水较多的地方，可选用耐涝的品种。在晚疫病多发地区要选用抗晚疫病的品种等。

（8）明确当地所需品种。二季作区少数农民由于对马铃薯品种特性及当地的气候特点了解不够，种植从市场上买的商品马铃薯做种，结果秧子（茎叶）旺盛结块差，马铃薯大小如玻璃球、鸽子蛋，每亩仅收150~250千克。他们错误地认为此地不适宜种马铃薯，其原因是市场上冬春季供应的商品马铃薯，主要来源于一季作区的山西、甘肃、内蒙古、黑龙江等地。这些地区适宜马铃薯生长的季节长，生产上多种植结薯晚、膨大速度慢、生长时间长、产量高的中晚熟品种。二季作区适宜马铃薯生长的春秋两季的时间都比较短，不能满足中晚熟品种生长的时间要求，当中晚熟马铃薯结薯膨大时，气温、地温已很高，昼夜温差小，白天叶片光合作用制造的养分被呼吸作用消耗，影响了养分向块茎的输送积累，产生了秧子旺盛结薯小的现象。

（9）注意品种间的差异。马铃薯品种间差异很大，每个品种都有一定的区域适应性，调种时要考虑调出地的气候条件，耕作制度，品种的熟性、产量、抗病性、适应性及其他经济性状。南方育出来的马铃薯品种属于短日照类型，调到中原二季作区表现为茎叶生长繁茂，不结薯或结薯很小，产量低。在北方地区长日照条件下育成的品种，引进南方地区种植，表现为植株矮小，结薯早，产量不高。

（10）给所引品种创造合适的生长环境。中晚熟品种调到中原二季作区种植，因生长日数不足，加之6月的高温，表现只长秧子不结薯，或结薯很小，产量低。有些中晚熟品种，由于结薯偏早，块茎膨大速度快，在二季作区种植，只要采取催大芽、早播种，播后覆盖地膜等措施，也能获得较高的产量，如克新2号、高原7号等。

2. 特别提示

（1）新品种引进要进行引种试种。凡初次到其他地区调运本地区没有种植过的品种或不熟悉的品种，首先应少量引种试种，试种前不可大量调种，以免给生产上造成不应有的损失。同区调种者，调种前应派技术人员到调种地区考察，调查马铃薯田间生长情况是否符合种薯标准。凡调查中种薯品种混杂、退化、病虫害为害严重、种植多代的脱毒薯，不能作为种薯调运。

（2）品种选择要选用脱毒种薯。品种确定后，要选用健康脱毒种薯，才能发挥品种的优良特性，达到高产、增效的目的。如果品种的种薯质量不好，已感染了病毒，不但发挥不了品种的增产潜力，还会大幅减产。通过脱毒，脱去马铃薯种薯内的病毒，排除病毒对马铃薯植株的破坏。脱毒优质种薯在生产上的具体表现为：叶片平展、肥大，叶色浓绿，根系发达，植株健壮，生长势强，光和产生率高，产量比未脱毒种薯提高 30%～50%（表 5-2）。脱毒后的块茎大小、薯形都更符合原品种的标准和典型性，商品率高。

表 5-2　脱毒薯的增产试验（品种郑薯 6 号）

代数	亩产量（千克）	增产（%）	退化指数（%）
一代	2 060	60. 3	0. 26
二代	1 758. 5	36. 7	2. 84
三代	1 572	22. 2	4. 80
四代	1 488	15. 7	11. 50
五代	1 349. 2	4. 9	11. 62
对照	1 286		16. 50

生产实践证明，过小的块茎做种，由于种薯幼嫩，养分不足，休眠期长，播种后出苗晚，幼苗瘦弱，在生产上会影响产量。采用大块茎做种，切块也大，母大子肥，苗壮产量高，但播种量大，虽增加了生产投资，但种植者丰收有了保证。

（3）备种量。春季种植每亩应备足内繁种薯（中原地区本地秋季种植的种薯）120 千克左右，外繁种薯（以长城为界线，以北繁殖的种薯）150 千克左右，秋季种植应备足健康、无病、不退化的小整薯 250～300 千克。

3. 种薯处理

（1）精选种薯。播种前 25 天左右将种薯从储藏处取出，选择薯形规整、符合品种特征、薯皮光滑、颜色鲜、大小适中的块茎做种。剔除种薯内的畸形、龟裂、尖头、芽眼坏死、有病斑或脐部腐烂的块茎。有的种薯在储藏中，由于窖温较高，块茎休眠期过后会萌动发芽。凡是出芽纤细的，多为感病的退化块茎，应剔除淘汰。

整薯播种优点：①增产效果显著。一般要比切块播种增产

18%~45%。大薯率也比切块播种的高。②整薯播种不仅能增产，而且能减少病害的发生机会并降低退化速度。例如，用丰收白做试验表明，整薯播种的退化株率只有17%，而切块播种的退化株率则达到85%，退化程度也重得多，整薯播种还能减少细菌性病害的传播机会。③小整薯播种能增强抗旱能力，提高出苗率。

表5-3为不同部位的种芽对产量的影响。

表5-3　不同部位的种芽对产量的影响

处理	块数/株	单薯重（千克）	商品率（%）	淀粉含量（%）	产量（千克）			
					单株	小区	亩产	对照±K%
整薯	3.6	0.11	80.5	11.7	0.4	23.83	1 324.1	45.9
顶芽	3.6	0.1	80.0	11.7	0.35	20.67	1 148.2	26.5
中部芽	2.9	0.09	77.8	11.5	0.27	16.00	888.9	-0.2
基部芽	2.5	0.09	76.5	11.5	0.22	12.17	676.2	-25.5
混合芽*	3.1	0.09	69.0	11.5	0.28	16.33	907.5	—

注：表中±K%表示以整薯、顶芽、中部芽、基部芽对照混合芽的亩产增减情况。

（2）种薯催芽。催芽可以促进早出苗，增加马铃薯田间的生长天数，提高产量。二季作区早春温度低，早播对提前出苗效果显著，晚播生育期延后，受高温、雨季影响，易造成退化和田间烂薯。催芽过程中还可以淘汰病薯烂块。催芽因品种、休眠期、栽培目的及习惯不同，采取的催芽方法也不同。常见的方法有春化处理（暖种）、催大芽、赤霉素浸种催芽等方法。

光对幼芽有抑制作用，块茎休眠期度过后，在温度适宜、黑暗的条件下，块茎上的幼芽黄白细长。将块茎放在散射光条件下，块茎上长出的幼芽粗壮发绿。种薯播种前的春化（暖种）处理，应在散射光条件下进行。早熟栽培催大芽，芽催成后，应摊放在室内散射光条件下绿化。这样播种后出苗早、苗壮、产量高。

1）春化处理。春化处理又称暖种，是促进块茎芽眼萌动发芽、播种后提早出苗的重要技术措施。马铃薯集中产区大面积种植常采用春化处理的方法。

①种薯的处理。将选好的种薯摊放在铺有草苫或干沙的室内，厚25厘米左右，或装入篓内进行春化处理，温度保持在15~18℃，最高不超过20℃，每7天左右翻动1次，使种薯上下受温一致，幼芽生长一致，并随时剔除病薯、烂薯。待芽眼萌动发芽后，即可切块播种，春化处理也可以在大棚、温室的走道或小拱棚内进行，但应注意白天放风，夜晚覆盖保暖等管理措施。春化处理一般在播种前25天左右进行，休眠期较长的品种可适当提前几天。

②种薯切块。切块播种可以节省种薯，并可以促进块茎早发芽出苗（图5-3）。1千克种薯应切40~50块，切块过小，虽能节省种薯，但幼苗瘦弱，影响产量。切块过大，虽苗粗壮、产量高，但由于用种量增大，增加了生产投资。马铃薯块茎发芽有顶端优势，顶部芽眼萌动发芽早，脐部芽眼萌动发芽慢；芽眼分布为顶部稠，脐部稀，芽眼在块茎上呈螺旋式排列。根据块茎上述特点及块茎大小确定切块的方法。

图5-3　种薯切块拌种

25 克以下的块茎，仅切去脐部即可，这样发芽快；25～50 克的块茎，纵切 2 块；80 克左右的块茎，先切除尾部，再上下纵切，先切掉 1/3，再把剩下的 2/3 块茎上下纵切一分为二，共切 3 块；大块茎分别从脐部按芽眼依次切块，切块应保持大小均匀一致，切刀应尽量靠近芽眼，以促使切块芽眼早发芽，每个切块要保持 1 个芽眼。个别切块虽只有 1 个芽眼，但切块过大，可采用破芽眼的办法分切为 2 块，即切刀与芽眉成“十”字形，对准主芽切成 2 块，主芽被破坏后，主芽两旁的潜伏状的副芽（破主芽后每块有 1 个副芽）就可萌动发芽。切块方法见图 5-4。

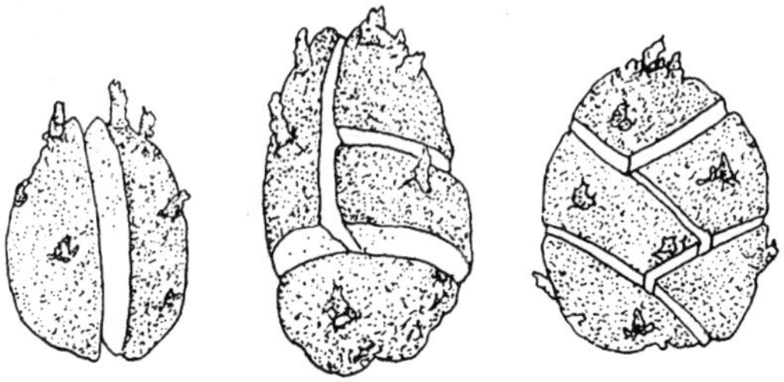

图 5-4　种薯切块方法

特别提示：

a. 切刀要干净、无锈、无油，刀刃要锋利而薄。这样切块的切面平，有利于刀口愈合。同时一人准备 2～3 把刀，遇到病薯时即时换刀，随时淘汰病薯。

b. 切刀切到病薯时，除应淘汰病薯外，切刀还应消毒，以免病原菌借切刀传播。消毒最简单的方法是将切刀在火炉上烤烧 15～20 秒，烤后用冷水浸一会儿，或将切刀放入 0.1%高锰酸钾或 1：200 的漂白粉溶液中，浸泡 10 分钟，消毒处理后再使用。

c. 播种或催芽前 1～2 天进行切块，切块后摊放在室内或装入篓内，使刀口愈合，形成新的木栓层后，再播种或催芽。

d. 种薯切块后，在 58%甲霜灵锰锌可湿性粉剂或 50%多菌灵可湿性粉剂 500 倍液中浸泡 3 分钟，进行消毒。

③种薯拌种配方。

a. 扑海因 50 毫升+高巧 20 毫升/100 千克种薯。即将 50%扑海因悬浮剂 50 毫升与 60%高巧悬浮种衣剂 20 毫升混合，兑水 1 000毫升，摇匀后喷到 100 千克种薯切块上，晾干后播种。

b. 安泰生 100 克+高巧 20 毫升/100 千克种薯，即 70%的安泰生可湿性粉剂 100 克，60%的高巧悬浮种衣剂 20 毫升，兑水 1 000毫升，均匀喷洒到 100 千克种薯上，晾干后切块播种。

c. 适乐时（咯菌腈）10 毫升、农用链霉素 3 克、高巧（吡虫啉）20 毫升、磷酸二氢钾 5 克、尿素 5 克、过磷酸钙 5 克，兑水 1 千克（过滤掉杂质），均匀地喷施在 100 千克种薯上，晾干药液后切块催芽。

d. 固体包衣剂配置方法。固体包衣剂采用的农药及营养元素与液体的一样，其制作方法是将上述药剂、营养液等配制成 250 毫升溶液，均匀地与 2.5 千克滑石粉拌匀，用于 100 千克种薯（图 5-5）。

图 5-5 切块包衣

e. 切好的种薯，宜放置在温度 14~16℃、相对湿度 80%~

90%通风良好的环境条件下，以加速伤口愈合。

2）催大芽。早春温度低，马铃薯播种需要 30 天左右才会出苗，早播种、早出苗，增加马铃薯在田间的生长天数，提高产量，一般采用播前催大芽的方法。催芽方法有大棚催芽、阳光催芽、电热毯催芽、电热线催芽、火炕催芽、室内催芽等。

①室内催芽方法。

a. 块茎切块后，按 1∶1 的比例与湿润的细沙（或土）混合掺匀，然后摊开，宽 100 厘米，厚 25~30 厘米，长度由催芽种薯数量及催芽场所面积决定，上面及四周覆盖湿润的细沙 6~7 厘米。

b. 将湿润的沙摊成宽 100 厘米、厚 6 厘米、长度不限的催芽床。然后摊放马铃薯切块（厚 5 厘米左右），盖一层沙（厚度以看不到马铃薯块为准），依次可摊放 3~4 层，然后上面及四周覆盖 6~7 厘米厚湿润细沙。

c. 播种面积大，切块催芽量大，可将切块装入篓内，置于可调温的室内。篓可叠放 2~3 层。催芽前 3 天，温度保持在 5~6℃，使伤口愈合，然后将温度提升到 15~18℃，篓的四周及上面用湿润的麻袋或草苫盖严（麻袋和草苫不能太湿，不能滴水），最低温度不能低于 12℃，最高温度不能超过 25℃，严防温度过高引起的幼芽徒长及切块腐烂，待芽长到 3 厘米左右时，小心地将切块扒出，即可播种（图 5-6）。

图 5-6　温室催芽

②室外催芽方法。选择背风向阳处进行室外催芽，效果很好。挖宽 100 厘米、深 50 厘米、长度由催芽数量及场所而定的

催芽沟。按室内催芽的方法，将切块摆放在沟内催芽，沟上搭上小拱棚，覆盖上薄膜以提高温度。每天 17 时盖上草苫保温，翌日 8 时揭去草苫提高温度。

3）赤霉素（920）浸种催芽。赤霉素有促进马铃薯块茎中酶的活性，解除马铃薯块茎休眠，使其细胞伸长，促使其发芽的作用。春季种薯经过暖种或切块催芽，即可播种，不需要赤霉素浸种催芽。但是采用阳畦、拱棚等提早春播（1 月底播种）或秋季播种时，由于种薯尚未度过休眠期，不易出芽，需用赤霉素浸种催芽。

①赤霉素水溶液配制方法。赤霉素不溶解于水，首先用酒精或高浓度白酒溶解，然后兑水充分搅拌，配成所需要的浓度。以产品有效成分含量 85%为例，用酒精或白酒将 1 克赤霉素溶解后，配置 5 毫克/千克的水溶液需兑水 170 千克，配置 10 毫克/千克水溶液，需兑水 85 千克。赤霉素（920）不同浓度配比见表 5-4。

表 5-4　赤霉素（920）不同浓度配比

有效含量（%） 兑水量（千克） 配制浓度（毫克/千克）	100	85	50	25
0.5	2 000	1 700	1 000	500
1	1 000	850	500	250
5	200	170	100	50
10	100	85	50	25
20	50	42.5	25	12.5

②特别提示：

a. 马铃薯块茎对赤霉素特别敏感，使用浓度要适当。浓度过低起不到催芽作用，浓度过高出苗纤细瘦弱，叶片小，发黄，节间长，一个芽眼生出多株的瘦弱苗，会造成严重减产（图 5-7）。

图 5-7　赤霉素浓度过高

b. 对不同品种，不同播种季节，因休眠期长短不同，应采用不同的浸种浓度和时间，如中原地区春秋两季作区，秋季播种用豫马铃薯 1 号、豫马铃薯 2 号、中薯 3 号等品种，整薯浸种以 5 毫克/千克浸种 5 分钟为宜；费乌瑞它（鲁引 1 号、津引 1 号、荷兰薯）则以 10 毫克/千克浸种 10 分钟为宜。由于环境温度影响赤霉素的效果，故在春季低温季节应用时，应加大一倍的用量。

c. 目前市场上出售的赤霉素较多，不同厂家产品的有效成分含量及质量差别很大，购买赤霉素时，一方面应注意生产厂家，另一方面还要看清楚是否标明有效含量，否则买回去无法配置水溶液。

d. 赤霉素水溶液配置好后，即可进行浸种催芽。将种薯装入篓内，连篓一起放入赤霉素水溶液中浸种，捞出后，即可上沙床催芽。切记不要将种薯倒入赤霉素水溶液中浸种，因为捞出块茎前后差异，会影响出芽的一致性。

e. 配置的赤霉素水溶液可以连续使用 1 天。1 克赤霉素配置的水溶液，可浸种 1 000~1 500 千克种薯。

f. 如果采用北方一季作区生产的种薯进行阳畦或小拱棚早熟栽培不需要赤霉素浸种催芽。因为北方一季作区生产的种薯在8~9月已经收获，到翌年1月底播种，种薯休眠期早已通过，只要温度、湿度适合，就可发芽。

g. 如果秋季马铃薯播种面积大，种薯用量大，可用篓催芽。浸过的种薯不再从篓内倒出，直接将篓放成排，在篓与篓上下层间棚上木板，然后用湿润的草苫或麻袋盖严，进行催芽。

h. 切勿用塑料薄膜覆盖或洒水，以免烂薯。

（三）合理密植

合理密植是马铃薯高产的中心环节。合理密植就是正确处理个体与群体的关系，既要保证单位面积上有足够的株数，以充分利用土地、光能，又要保证单株发育良好。

马铃薯产量主要来源于光合作用制造有机养分的积累。光合利用的高低是决定产量高低的主要因素。叶片是光合作用的主要器官，叶片布局合理，可有效地提高叶面积系数，增强光能和土地利用率，获得高产。

马铃薯产量的构成是单位面积上的株数与单株产量的乘积，即群体产量。而群体的增产与单株增产之间是相互矛盾的。当单位面积株数增加，单株产量就相应降低。在一定的密度范围内，随着密度的增加群体产量也相应增加，而产量随着密度的增加而降低。合理的密度是将单株产量与群体产量两者相互矛盾的因素，达到最大化的协调统一。密度过稀，日光透过叶片空隙射到地面，不能充分利用光能，虽然植株发育好，单株产量高，但由于单位面积株数少，总产量却不高。密度过高，虽然单位面积株数多，但田间叶片相互遮蔽，下部的叶片因光照不足而发黄，致单株产量低，则总产量也不高。合理密植的群体结构，田间叶片分布合理能充分利用光能，既能使个体发育良好，又能发挥群体的增产作用。

一般品种叶面积系数达到 4 时，即可获得高产，因此，合理密度以叶面积系数（总叶面积与所占土地面积之比）为 3.5～4 为适宜。如测定的单株叶面积为 0.8 平方米，叶面积系数为 4，即可算出确定每亩（666.7 米^2）种植马铃薯的株数。其公式为

每亩种植株数=叶面积系数×亩/单株叶面积（米^2/株）=4×亩/0.8=3 335 株

土壤肥沃、水肥条件充足、中晚熟枝叶繁茂的品种，应适当稀些。土壤肥力差、水肥条件不足、植株较矮、分枝少、生育期短的早熟品种，应适当密些。

中原二季作区水浇田马铃薯露地栽培，通常的株行距为：行距 60 厘米，株距 20～25 厘米，每亩 4 446～5 557 株。地膜覆盖栽培，垄距 1 米，每垄播种两行，株距 20 厘米，每亩 6 667 株。

不同地区、不同品种、不同种植方式（单作或套种）等种植密度和行株距差别大。不同种植方式的行株距及密度可参考表 5-5。

表 5-5　不同种植方式的行株距及密度

行株距（厘米）	每亩密度（株）	栽培方式
60×20	5 557	早熟品种，切块种植
60×27	4 115	早熟品种整薯播种，中早熟种薯切块播种
67×40（一穴双株）	4 975	早熟品种切块播种
60×27	3 685	中晚熟品种，山区一季作
60×17	6 535	植株矮小的早熟品种及种子田
133（宽窄行，每垄 2 行）×20	5 030	早熟品种与玉米套种
104（宽窄行，每垄 2 行）×17	4 796	早熟品种与棉花套种
107（宽窄行，每垄 2 行）×20	6 189	山区早熟品种与玉米套种
80（每垄 2 行）×20	8 337	早熟种留种田
100（每垄 2 行）×20	6 667	早熟品种地膜覆盖，早熟栽培

（四）适时播种

1. 对温度的要求

（1）茎叶生长。马铃薯茎叶的生长与茎块的膨大，对最适宜的温度要求并不一致。茎叶生长最适宜的温度是21℃，温度超过25℃时，茎叶生长缓慢；温度在30℃以上时，呼吸作用增强，白天光合作用制造的养分，被呼吸作用消耗掉，造成营养失调；当温度下降到-2~1℃时，植株受冻死亡。

（2）块茎生长。马铃薯块茎对温度的反应比茎叶更敏感。地温10℃左右时块茎膨大缓慢。块茎膨大最适宜的地温为15~18℃，在此温度范围内，养分积累迅速，块茎膨大快，薯皮光滑，食味好；地温25℃时块茎膨大缓慢；地温超过30℃以上时，呼吸作用增强，光合作用制造的养分被呼吸作用消耗，块茎停止膨大，薯皮木栓化，表皮粗糙，淀粉含量低，食味差，产量低，块茎不耐储藏；地温下降到-1℃时，块茎受冻。受冻的块茎解冻后，水分大量渗出，变软萎蔫，失去商品和食用价值，受冻的块茎入窖储藏，还容易引起其他块茎腐烂。

（3）块茎储藏。块茎储藏最适宜的温度为1~4℃，超过5℃块茎发芽。

2. 适时播种　春季马铃薯适时早播。早播虽然地温较低，不能很快出苗，但因早春地温稳定并逐步升高，有利于根系的生长，为出苗后植株吸收水分、养分，迅速生长打下了良好的基础。适时早播，不但可以提前出苗，早结薯早收获，而且可以避免后期高温，使田间烂薯少、种性好、退化轻、后代产量高。表5-6显示出了郑州地区不同播种期幼苗与根系生长关系。

表 5-6　郑州地区不同播种期幼苗与根系关系

播种日期（月/日）	调查时间（月/日）	芽苗长（厘米）	根系数（条）	出苗（%）
3/6	4/6	6.9	14.9	70 左右
3/12	4/6	3.7	9.1	10 左右
3/18	4/6	3.0	7.0	未出苗

晚播出苗晚，生育期推迟，后期块茎膨大正处于高温多雨季节，昼夜温差小，影响块茎养分积累，易引起地上部茎叶徒长，不仅块茎产量低、品质差、易感病烂薯，不耐储藏，而且易受病毒病感染引起种薯病毒性退化，造成块茎种性差，后代产量低。

我们用春季分批播种、分批收获的种薯在秋季作产量对比试验表明，春季早种早收（3 月 7 日播种，6 月 13 日收获）的，其后代比晚种晚收（4 月 6 日播种，6 月 29 日收获）的后代植株高 8.4 厘米，增产达到 28.1%，见表 5-7。

表 5-7　种薯早播早收与后代的关系

处理	春季播期（月/日）	春季收获（月/日）	株高（厘米）	产量（千克/亩）	产量对比（%）
第一期	3/7	6/13	37.7	517	128.1
第二期	3/17	6/19	37.1	454	112.5
第三期	3/27	6/24	31.8	416	103.1
第四期	4/6	6/29	29.3	404	100.0

马铃薯块茎经过冬季长期储藏，休眠期已过，当温度达到 5℃以上时，块茎就可以萌动发芽。但适宜播种期还要根据各地的气候条件确定，一般情况下土壤 10 厘米处平均地温达到 5℃时即可播种。根据研究结果和多年的生产实践，得出河南省各地的播种时间，见表 5-8。

表 5-8 河南省各地区春季适宜播种期

播种期（月/旬）	适宜区域
2月中下旬	信阳、南阳及淮河流域
2月下旬至3月上旬	周口、驻马店等地
2月下旬至3月上中旬	郑州、开封、商丘、洛阳、三门峡、新乡等地
3月上中旬	安阳、濮阳等地
3月下旬至4月中旬	浅山区二季作区等地
4月下旬至5月上旬	高山一季作区等地

3. 特别提示

（1）地膜覆盖。早熟栽培，催大芽播种后，覆盖地膜，播种期可提前10~15天，但出苗后应注意防晚霜。

（2）双膜覆盖。早熟栽培，催大芽播种后覆盖地膜，加塑料薄膜小拱棚覆盖，播种期提前20~25天。

（3）高山栽培。高山地区夏播留种栽培，播种期以6月中下旬为宜。

（五）播种方式

1. 朝阳坡 城市郊区、蔬菜区常采用此播种方法。土地平整后，东西向按计划行距用绳打印，然后从绳印的北边用锄（或犁）开沟，深10厘米左右，将开沟的土放在沟的北边，按计划株距，将块茎摆放在沟底部的北处，用沟南边（绳印南边）的土覆盖块茎8~10厘米厚，用菜耙镇压，然后再用菜耙在坡的两边耧耥一遍保墒，即成朝阳坡，朝阳坡背风向阳，接受阳光多，地温高，一般10厘米处地温比平播的高2℃左右，出苗早3~4天。朝阳坡播种，坡面受热面积大，保墒效果差，但土壤过旱时便于浇水。近几年，部分菜农采用朝阳坡加地膜覆盖的方法，进行马铃薯早熟栽培，效果较好，值得推广。

2. 开沟播后起垄 河南省菜区早熟栽培，马铃薯与玉米间作地区、豫西南山区、豫南地区常采用此种播种方法。每垄双行，1米1垄。地整平后，按宽窄行打绳印，窄行25厘米，宽行75厘米。开沟时，开出来的土放在窄行中间成垄，按计划株距摆放块茎在沟底向垄背处，然后用沟边的土（宽行）覆盖成宽垄，用菜耙镇压后再耧耥，依次播种结束后再覆盖地膜。

3. 点播　按行株距用锄开穴，穴深8~10厘米，每穴播种1块或2块。开第二穴的土盖第一穴，开第三穴的土盖第二穴，依次进行。播后将地整平，以利保墒。高山丘陵一季种植地区的坡地，常用此法播种。播种开穴时，可集中施入肥料。

4. 垄播　垄播又称垄上播。按计划行株距起垄，然后在垄上开沟摆播，播后覆土镇压保墒，播种的块茎处于地平面以上。多雨易涝地区采用垄播，不但遇涝可排水，保证块茎不受水淹，而且能保证遇旱浇水不漫垄，并且还能保持垄上土壤疏松，有利于块茎膨大。

5. 平播起垄　土地整平后，按计划行株距打绳印，然后按计划行株距在绳印上摆播块茎，摆播后在绳印两边起土覆盖成垄，镇压保墒。块茎播种处于地表，与垄播法相似。此法适宜雨水较多、墒情较足的地方。

6. 特别提示

（1）播种深度。无论采用哪种播种方式或方法，播种深度都要掌握在8~15厘米，不可过深或过浅，不同品种播种深度有差异，豫马铃薯1号、豫马铃薯2号播种深度8~10厘米，费乌瑞它播种深度10~15厘米。

沙质土壤疏松，透气性好，保墒能力差，可适当稍深些；黏性土壤保墒能力强，透气性差，应稍浅些。雨水较多的地区，播种深度应稍浅。干旱少雨地区应适当加深。地膜覆盖应适当覆土厚些，因管理中无法培土。

（2）施种肥。为了充分发挥肥料的肥效和节约用肥，可在开沟播种时将饼肥、复合肥、牲畜粪等撒施沟内集中施肥。然后深锄，将肥料与土壤掺匀。

（六）田间管理

春季马铃薯从出苗到收获仅55~70天。在这么短的时间内，既要形成强大茂盛的茎叶，又要积累大量的养分形成块茎，因此，加强田间管理就显得十分重要。在管理上应考虑到春季马铃薯生长季节的气候特点、品种特性等方面的因素。在田间管理上掌握前促后控的原则。技术管理要及时，前期做到早中耕、早追肥、早浇水、促根、促棵、促匍匐茎与幼苗早发，植株茁壮生长。结果期根据天气、墒情、枝叶生长情况，酌情追肥，小水勤浇，促棵攻薯，以薯控棵，促薯、棵生长，上下协调，既要防止后期茎叶早衰，又要控制后期茎叶徒长。因此，种植马铃薯若想获得高产，必须了解马铃薯生长发育的特点及其与环境条件的关系。

1. 马铃薯的生长发育阶段 马铃薯从播种到成熟收获分为5个生长发育阶段，早熟品种各个生长发育阶段需要时间短些，而中晚熟品种则长些。

（1）发芽期。从种薯播种到幼苗出土为发芽期。未催芽的种薯播种后，温度、湿度条件合适，30天左右幼苗出土，温度低需要40天才能出苗。催大芽播种加盖地膜出苗最快，播种20天左右出苗。发芽期生长的中心是根、芽的伸长和匍匐茎的分化，同时伴随着叶、侧枝和花原基等器官的分化。这一时期是马铃薯建立根系、出苗，为壮株和结薯的准备阶段，是马铃薯产量形成的基础，其生长发育过程的快慢与好坏，关系到马铃薯的全苗、壮苗和高产。这时其所需要的养分主要来源于母块茎，通过催芽处理，使种薯达到最佳的生理年龄；在土壤方面，应有足够的墒情、充足的氧气和适宜的温度，为种薯的发芽创造最佳的条件，使种薯中的养分、水分、内源激素等得到充分的发挥，加强茎轴、根系和叶原基的分化和生长。

（2）幼苗期。从幼苗出土15~20天，到第6片叶子展开，复叶逐渐完善，幼苗出现分枝，匍匐茎伸出，有的匍匐茎顶端开始膨大育蕾的时期，叫幼苗期。该期植株的总生长量不大，但却关系到以后的发棵、结薯和产量。只有强壮发达的根系，才能从土壤中吸收更多的无机养分和水分，供给地上部的生长，建立强大的绿色体，制造更多的光合产物，促进块茎的发育和干物质的积累，提高产量。这一时期的田间管理重点是及早中耕，协调土壤中的水分和氧气，促进根系发育，培育壮苗，尽早搭起丰产架子。

（3）发棵期。复叶完善，叶片加大，主茎现蕾，分枝形成，植株进入开花期，经过20天左右生长发棵期结束。发棵期仍以建立强大的同化系统为中心，并逐步转向块茎生长为特点。此期各项农业措施都应围绕这一生长特点进行。马铃薯从发棵期的以茎叶迅速生长为主，转到以块茎膨大为主的结薯期。该期是决定单株结薯多少的关键时期。田间管理重点是对温、光、水、肥进行合理调控，前期以肥水促进茎叶生长，形成强大的同化系统；后期中耕结合培土，控秧促薯，使植株的生长重心由茎叶生长为主转向以地下块茎膨大为主。如控制不好，会引起茎叶徒长，影响结薯，特别是中原地区二季作区的春马铃薯生产时，必须注意该阶段的促控管理。但在中原地区二季作区的秋马铃薯以及南方二季作区的秋冬或冬春马铃薯生产，由于正处于短日照生长条件，不利于发棵，不会引起茎叶徒长。

（4）结薯期。开花后结薯延续30~45天，植株茎叶生长达到顶峰，植株叶片开始从基部向上逐渐枯黄，甚至脱落，叶面积迅速下降，块茎膨大迅速达到盛期。

开花后茎叶光合作用制造的养分大量转入块茎。这个时期的新生块茎是光合产物分配中心，块茎的体积和重量，呈现迅速增长趋势，是产量形成的关键时期。

结薯期长短受品种、气候条件、栽培季节、病虫害和农艺措施等的影响。结薯期应采取一切农艺措施，加强田间管理和病虫害防治，防止茎叶早衰，尽量延长茎叶的功能期，以增加光合作用的时间和强度，使块茎积累更多光合产物。

（5）淀粉积累期。茎叶中的养分输送到块茎（积累淀粉），直到茎叶枯死成熟，这段时间约 20 天。此时块茎极易从匍匐茎脱落。

在许多地区，一般可看到早熟品种的茎叶转黄，大部分晚熟品种由于当地有效生长期和初霜期的限制，往往未等到茎叶枯黄就需要收获。

不同品种生长发育的各个阶段出现的早晚及时间长短差别极大，如早熟品种各个生长发育阶段早且时间短，而中晚熟品种发育阶段则比较缓慢且时间长。

2. 马铃薯生长发育规律 马铃薯因品种、季节、栽培制度等原因，其生长发育规律有所差别。以河南省早熟品种为例：马铃薯块茎播种后，经 30 天左右幼苗出土。出土后 7 天左右匍匐茎开始伸出。出苗后 24 天左右，植株长出 7～8 片叶并开始现蕾，叶面积迅速增大，茎叶进入生长盛期，匍匐茎顶端开始膨大，块茎进入开花期，叶面积逐渐增大到最大限度，光合作用旺盛，制造的养分主要向块茎输送积累，块茎进入到膨大期。开花后 15 天左右块茎膨大速度最快，块茎膨大可延续到茎叶枯黄。出苗后 65 天左右茎叶枯黄，马铃薯成熟收获。

3. 马铃薯的生长发育与环境条件

（1）马铃薯播种与幼苗的发育。在适宜的条件下，马铃薯块茎上的芽眼萌动发芽。幼芽发出后，在适宜的条件下，芽的基部出现根原基，从根原基伸出白根。根在土壤中吸收水分、矿物质。同时，芽还利用母块茎的养分，逐渐发育生长，幼苗很快出土。用块茎播种出土的幼苗没有子叶，萌发出来的叶为单叶，但叶片大，光合作用强。由于根系发达，叶片光合作用制造养分多，幼苗很快长出复叶，结束幼苗阶段。

（2）马铃薯匍匐茎的发育。马铃薯出土后 7~18 天，大部分匍匐茎开始形成。早熟品种较中晚熟品种匍匐茎形成得要早，晚熟品种最迟的需 1 个月匍匐茎才能全部形成。早熟品种形成的匍匐茎的层次少，一般可生匍匐茎 6~7 层，能结薯的一般只有 3~5 层。而中晚熟品种匍匐茎的层数多，可达 9~12 层，能形成块茎的有 6~9 层。

匍匐茎是地下茎节间产生的，每节可生出匍匐茎 1~3 条，一般每节只能生出 1 条匍匐茎。匍匐茎生长发育后，顶端膨大形成块茎，一般品种形成 5~8 个块茎，少数品种形成 2 个或 10 余个块茎，结薯多的品种在育种过程中予以淘汰。早熟品种结薯较少，而中熟品种较多。若单株结薯多，则块茎小；若单株结薯少，则块茎大，商品性能好，易出售。

（3）马铃薯块茎的生长发育。马铃薯块茎是由匍匐茎顶端细胞分裂膨大而形成的。块茎大量形成的时间是在幼苗出土后 20 天左右。块茎膨大最快的时间是在匍匐茎顶端开始膨大后 40~60 天。早熟品种匍匐茎伸出早，块茎膨大早，膨大速度快。

在块茎开始膨大时，匍匐茎的顶端部分大约含有 12 个叶原基。块茎上的芽眉就是叶原基的叶柄痕迹。块茎上的芽眼就是叶腋的位置。块茎表皮上的许多皮孔是由气孔演变来的。皮孔与叶子上的气孔有类似的功能。在一般条件下皮孔表现不明显，在土壤湿度特别大时，皮孔周围细胞异常膨大，呈白色，出现像菜花一样开裂的小点。这样可使块茎不致腐烂，是抗涝的一种表现。

块茎发育的形状有圆、扁圆、椭圆等；颜色有白色、黄色、红色、紫色等，因品种而异。

不同品种结的块茎数不同，是品种特性的表现，而同一品种间植株结薯也不尽相同，这主要是由三个原因造成的：一是匍匐茎从地下茎长出时，一般每个节只生出 1 个匍匐茎，但有时也会生出 2~3 个匍匐茎。同时地下茎每节都可生出匍匐茎，在植株养分积累得多，匍匐茎也多时，形成的块茎也多。二是种薯发芽的早晚和同一块茎上产生的主茎数不同，形成的块茎数也不同。整薯或者切块播种的，有的可生出 2~3 个茎，有的只有顶芽长成 1 个茎。三是植株生长的环境、时期和部位不同，不可能都形成块茎。

(4) 马铃薯开花。马铃薯的开花机制有内、外两种因素起作用。

1) 内因。主要是品种间的差异，有些早熟品种只现蕾不开花，原因是这些早熟品种在现蕾期块茎开始膨大时，茎叶中的养分集中向块茎转移，花蕾得不到足够的养分，不能正常发育而枯黄脱落。另外，一些品种则不受块茎膨大的影响，边开花边膨大。

2) 外因。主要是温度和光照。在 18~20℃ 温度下最适合花的发育，强光照和长日照有利于开花结实。有的品种在一般条件下不开花，而在高海拔、强光照的条件下能开花。能够在一般条件下开花结果的品种，在强光照和长日照的条件下，开花和结果特别旺盛（图 5-8）；某些生长调节剂也可影响开花，喷施过多效唑的马铃薯植株，花蕾会枯黄脱落，一般不开花。

图 5-8　马铃薯大田开花图

4. 中耕除草

（1）中耕。土壤板结，透气性差，影响块茎的呼吸和膨大，块茎易感染病害造成烂薯。中耕是解决上述问题最有效的办法。

（2）人工锄草。春季马铃薯播后30天左右才会出苗。在没有出苗之前，随着温度的升高，往往杂草丛生，特别是灰灰菜、野苋菜、狗尾草等一年生杂草，只要温度、湿度适宜，杂草很快出土。待马铃薯出苗时，田间已长满幼嫩杂草。

在马铃薯出苗前3~5天应进行第一次中耕灭草。此时，杂草出土后还很小，地下部只有主根，无须根或须根很少、很小，可用菜耙耙耧一遍，既能消灭杂草，又能破除板结、疏松土壤、提高地温，促使马铃薯幼苗尽快出土。锄草要在晴天进行，锄后的杂草很快枯死。

由于马铃薯是浅根系作物，根系分布在耕作层，现蕾后不宜再进行中耕，以免伤根，影响植株正常生长。随着植株生长和培土，茎叶很快封行，田间杂草很少。发现田间有个别杂草，可进行人工拔除。

（3）化学除草。具体见本书“病虫草害防治”。

5. 追肥　马铃薯是喜肥作物，要获得高产，除施足底肥外，在马铃薯生长前期，还应追施一些速效性氮肥，以促进茎叶生长，尽早地形成强壮的植株，为丰产打下基础。

（1）第一次追肥。在出苗后进行，追肥结合中耕，每亩施入碳铵40~50千克。

（2）第二次追肥。在马铃薯的开花初期结合培土进行。此次追肥应根据马铃薯的生长情况及施底肥多少酌情而定。底肥充足，马铃薯植株生长旺盛，叶片浓绿，可不追或少量追施，以免引起枝叶徒长，影响养分积累和块茎膨大；如果底肥施入较少，植株生长势弱，叶片小、发黄，为防止后期早衰，一般每亩施尿素10~15千克。

（3）特别提示。追肥时切勿用含氯的化肥，如氯化铵、氯化钾等，因为氯离子影响淀粉合成，会使马铃薯品质下降。

6. 培土　马铃薯块茎膨大需要疏松深厚、透气良好的土层。结薯层土壤过薄，匍匐茎窜出地面，会形成新的枝条。已形成的块茎，膨大后露出地面变绿（红皮块茎变紫），群众称为“露头青”，块茎内龙葵素（也称马铃薯素或茄碱）增加，品质降低，食味辣麻口，失去食用价值。据研究，每100克鲜薯中含有25毫克龙葵素，人食用后会出现恶心、头晕等症状，会造成孕妇流产，甚至牲畜吃了也会中毒。

为满足块茎膨大的需要，一般在马铃薯生长期需要培土2次。现蕾期匍匐茎尖端开始膨大时，进行第一次培土，培成10厘米左右的高垄，防止匍匐茎窜出地面变成新的枝条。开花初期，马铃薯进入膨大盛期，为防止块茎露出地面，进行第二次培土，培成25厘米左右的高垄。在高垄情况下，浇水不淹顶，垄上部不板结，土壤透气性好，土壤与空气接触面大，夜间散热快，昼夜温差大，有利于块茎的养分积累及膨大。培土应与追肥、浇水结合进行。

7. 水分管理

（1）马铃薯的需水量。马铃薯需水量的多少与品种、土壤种类、气候条件及生育阶段等有关。一般在生育期有300~400毫升均匀的降水量，就可以完全满足马铃薯对水分的要求。中原二季作区的3~6月经常出现少雨干旱的情况，需要浇水来满足马铃薯生长发育对水分的要求。

马铃薯在整个生长发育过程中需要有充足的水分。生育过程需水量与植株大小、叶片的蒸腾量、土壤蒸发量、温度等有密切关系。根据研究结果，亩产块茎2 000千克，需水量为480~560千克，这是一般土壤条件下的理论数据，而实际上马铃薯的产量与需水量情况有时差异较大，原因在于需水量与土壤性质、气候条件、品种的植株生长期长短、栽培制度等有很大的关系。

（2）水分缺乏对马铃薯的影响。马铃薯块茎虽本身含有大量的水分，播种后能萌动出芽，但是如果土壤过于干旱，会使块茎干缩而幼苗也不能出土，造成缺苗。幼苗出土后，茎叶较小，需水较少，此时土壤含水量短期内可以稍偏低，能促进根系下扎，但时间过长或过于干旱，反而影响根系生长。从现蕾到开花，是马铃薯一生中需水量最多的阶段，水分不足，土壤干旱，叶片发黄，光合作用停止，块茎表皮细胞木栓化，薯皮老化，块茎停止膨大，植株萎蔫停止生长。这种现象称为停歇现象。当降水或浇水后，土壤温度和水分适宜时，植株恢复光合作用，重新生长，这种现象称为倒青现象。由于块茎表皮细胞木栓化，薯皮老化，不能继续膨大，只能从芽眼处的分生组织形成新的幼芽，窜出地面形成新的植株，不能窜出地面的，在芽眼处形成新的块茎，有的形成串珠薯、子薯或奇形怪状的块茎，品质变劣，产量降低，如图 5-9 所示。块茎膨大期水分供应不均匀，即土壤过于干旱，而后浇大水或下大雨，会引起表皮开裂、商品性降低。

图 5-9　水分供应不均引起的畸形

生长后期，需水量逐渐减少，水分过大，土壤板结，透气性差，块茎含水量增加，气孔细胞膨大裸露，引起病原菌侵染，易造成块茎田间腐烂，或导致块茎收获后不耐储藏。

（3）水分管理。马铃薯生育阶段与栽培季节不同，需水量差别很大。春播马铃薯，因苗期植株体小，叶片少，叶片的蒸腾量小，气温低，土壤蒸发量小，一般苗期不浇水。

苗期土壤墒情差，应及时进行深中耕保墒，提高地温，以利于根系向深处下扎，增强根系的吸收能力，使幼苗茁壮生长。苗期过早浇水，往往降低地温，土壤板结后，叶子发黄，幼苗生长缓慢。如果土壤过于干旱，影响了幼苗发育，也需要浇水。但浇水后要及时中耕破除板结，提高地温。马铃薯现蕾、开花以后，地上部生长迅速，形成强大的枝叶，地下部块茎进入膨大期，温度逐渐增高，叶的蒸腾量及土壤蒸发量加大。

生长后期，需水量逐渐减少，水分过大，土壤板结，透气性差，块茎含水量增加，气孔细胞膨大裸露，引起病原菌侵染，易造成块茎田间腐烂，或导致块茎收获后不耐储藏。

二、春露地地膜覆盖种植技术

马铃薯播种后覆盖地膜与不盖地膜相比，不但地温升高2~3℃，而且盖地膜可防止土壤水分蒸发，起到保墒作用。如果播种时土壤墒情很好，播种后覆盖地膜，苗期至现蕾期基本不需要浇水，既能保墒提地温，又能防止土壤板结，不但有利于及时出苗与根系发育，而且有利于苗全苗壮，早熟高产。

（一）播前准备

1. 施足底肥　增施足够的有机肥，可以改良土壤的物理性能，满足马铃薯生长发育对土壤物理性能的要求。地膜覆盖后，地温增高，有机质分解能力增强，前期能使土壤中的硝态氮含量提高，马铃薯生长快，养分消耗多。所以地膜覆盖必须增施有机肥，防止作物后期缺肥和土壤肥力下降，引起马铃薯生长后期脱肥早衰。地膜覆盖的基肥施用量要比一般田块增加 30%～50%。根据马铃薯的需肥规律，按亩产指标 2 000 千克为基础计算，应施优质农家肥 4 000～5 000 千克、氮素 10 千克、磷素 4 千克、钾素 22 千克。施肥后充分耕翻，均匀混合。

2. 购置地膜　地膜越薄越好，但要有韧性，一般厚度为 0.03 毫米。垄距为 1 米的马铃薯垄可用 90 厘米宽地膜，每亩需 2.5 千克地膜。

（二）种薯选择与处理

1. 精选种薯　选用品种要以早熟脱毒马铃薯为主，每亩应备足种薯 150 千克左右，如豫马铃薯 1 号、豫马铃薯 2 号、郑薯 7 号、郑薯 8 号、费乌瑞它、中薯 3 号、早大白等早熟品种。播前要精选种薯和催芽处理，以利于幼芽提早发育，减轻环腐病、晚疫病的为害。

2. 种薯催芽　地膜覆盖可以采用催大芽提早播种。在 1 月底或 2 月初进行种薯切块催芽。采用室内催芽的方法，温度、湿度都便于掌握和控制。

（三）合理密植

中原地区二季栽培，以垄宽 1 米、每垄播种 2 行为宜。中低产田块株距 20 厘米，每亩 6 667 株；高产田块株距 25 厘米，每亩 5 336 株。

（四）适时播种

在中原二季作区春地膜覆盖马铃薯的播期，以黄河为界，黄河以南为 2 月中下旬，黄河以北为 3 月上旬。

（五）播种方法

选择晴朗天气的 9～16 时进行播种为宜。播种深度一般以 10 厘米为宜。地膜覆盖应适当覆土厚些，因管理中无法培土。播种后要求垄面平整无坷垃。

1. 先播种后盖膜　先播种后盖膜的顺序是：开沟+施入种肥+

肥土混合+播种+使用灭地下害虫的农药+覆土起垄+喷除草剂+盖膜。每垄双行，垄距1米。地整平后，按窄行25厘米、宽行75厘米打绳印。开沟时，开出来的土放在窄行中间，呈垄背形，按计划株距摆放块茎，摆放在沟底向垄背处，然后用沟边的土（宽行）覆盖成宽垄，如图5-10所示。用菜耙镇压后再耧耥，依次播种结束后覆盖地膜（图5-11）。

图5-10　播种

图5-11　播种后盖膜

为防止薄膜被风刮起，盖膜时要贴紧垄面，拉紧、抻平、盖严，垄的两边要用土压严，膜面紧贴垄面，垄两端的薄膜要埋入土中10厘米，用脚踩实，在垄面上每隔一段压些土。这种方法可以掌握播种深度，达到深浅一致。由于播种深度适宜，有利于结薯，后期可以不进行培土。

2. 先铺膜后播种　先铺膜后播种的顺序是先起垄铺膜后，经过几天的日光照射，垄内的温度升高后再播种。播种时用移植铲或打孔器按株距打孔破膜播种。孔不要太大，深8厘米左右，深浅力求一致。芽块和小整薯播下后，用湿土盖严，封好膜孔，由于铺膜后地温上升快，出苗较快；如遇天旱，还可坐水播种。缺点是一般播种较浅，不易达到播种的标准深度，人工开穴的深浅不易一致，出苗不整齐。

3. 使用起垄机　先起成垄，平均垄距1米，垄上宽40厘米，播两行马铃薯，株距25厘米，两行相距20厘米，由于垄上的土比较松软，可手拿马铃薯块直接播种，最后用铁耙刮平垄面即可。起垄机代替人工起垄，可大大提高效率，降低劳动强度。

4. 使用除草剂　马铃薯播种后覆盖地膜，出苗后不便中耕。如覆盖的不是除草膜，则土壤中会生出很多杂草。严重时，薄膜被杂草拱起，马铃薯幼苗被杂草包围，影响正常生长。因此，在覆盖地膜之前，需要喷施除草剂。

（六）田间管理

由于地膜覆盖，土壤蒸发量极少，只要播种时土壤墒情好，出苗期一般不需要浇水和施肥。出苗后，及时破膜放苗，同时用土将苗基部的破膜封严，以免幼苗接触地膜烧伤或烫死。喷施了除草剂的地块，更应该及时破膜。破膜后的幼苗才能进入正常生长。如有寒流，可在寒流过后，进行破膜放苗。出苗率达到70%时，及时查苗补种，确保苗全、苗齐、苗壮。现蕾后，注意加强肥水管理，以水促肥，对底肥施用不足的地块，可酌情补施速效肥料，注意防治病虫害。

结薯期的管理重点是防止茎叶早衰，延长茎叶的功能期，促进块茎形成与膨大。要使垄内土壤始终保持湿润状态，确保水分供应，浇水时要防止大水漫灌，灌水量不宜超过垄高的1/2（半水沟），不可漫垄或田间积水过多，遇大雨应及时排水，收获前5~10天停止浇水，促使薯皮木栓化，以利于收获。土壤不旱不浇，耕松沟底土壤，结合中耕浅培土。对因雨水或浇水冲刷造成的垄土塌陷处，及时培土，防止产生青皮块茎。对茎叶早衰田块，可进行根外追肥，同时注意防治病虫害。

（七）适时早收

地膜覆盖种植一般在5月底或6月初收获。一天中应在10时以前、15时以后进行收刨。随刨收随运输，严防块茎在田间阳光下暴晒，中午运输不完，块茎在田间应堆积成较大的堆，用秧子盖严盖厚，严防暴晒。以免灼伤块茎，使块茎变成绿色，失去商品价值。

三、早春拱棚栽培技术

中原二季作区，早春利用拱棚栽培马铃薯，使春季马铃薯的收获期提早至 4 月底至 5 月初，较正常收获期早 30 天左右，此时正是全国马铃薯市场淡季，南方的马铃薯是在 2~3 月收获，4 月已无鲜马铃薯收获供应，北方的马铃薯 8~9 月才能收获。在马铃薯生产淡季，马铃薯收获越早效益越好，因此中原地区通过拱棚栽培，提早收获的马铃薯产值较一般露地栽培的马铃薯高 1~2 倍，效益可观。

（一）拱棚规格

适合马铃薯栽培的大、中、小拱棚规格是：

（1）大拱棚。三膜覆盖、四膜覆盖单斜面大棚棚宽 8~10 米、棚高 1.8~2.2 米、棚长 30~50 米，棚体采用钢架或竹木结构，设 3~5 行立柱，用 1~1.2 毫米薄膜覆盖（图 5-12、图 5-13）。

图 5-12　三膜覆盖种植

（2）中拱棚。中拱棚加地膜二层覆盖棚膜（图 5-14），棚高 1.2~1.6 米、棚宽 3~6 米、棚长 50~80 米，棚体多为竹木结构，设 1~3 行立柱，用 0.06~0.08 毫米薄膜覆盖。

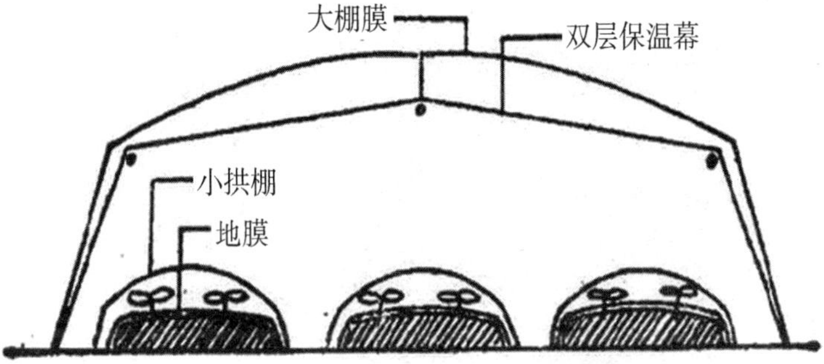

图 5–13　四膜覆盖种植效果图

图 5–14　中拱棚加地膜二层覆盖

（3）小拱棚。小拱棚单膜覆盖，棚宽 1.5～3 米、棚高 0.8～1.2 米、棚长 50～80 米，棚体竹木结构，设 1 行立柱或不设立柱，用 0.06 毫米薄膜覆盖（图 5–15）。

拱棚栽培最好采用南北向。因为南北向受光好，棚内温度均匀；东西向时，南面受光多、北面少，棚内温度南高北低，植株长势不均匀。由于春季北风、西北风、东南风多，南北向拱棚顺风向，棚体受压力小；东西向拱棚刮北风或南风时，对棚体压力大，风大时棚体易被破坏，造成损失。一般要求定植前 20 天扣棚烤地，以利于马铃薯播后及早出苗。

图 5-15　小拱棚单模覆盖

（二）拱棚栽培技术

1. 播种前的准备　具体见本书“春露地栽培技术”。

2. 种薯处理　在 12 月底或翌年 1 月初进行种薯切块催芽。催芽时间根据种薯的生理年龄确定，由高纬度、高海拔地区调入的种薯收获较早（前 1 年的 8 月底至 9 月初），一般都过了休眠期，可在播种前 20 天催芽，即 1 月初开始催芽；当地秋季生产的种薯收获晚（11 月中旬），种薯处于幼龄阶段，需在播种前 35~40 天催芽，即 12 月下旬开始催芽，必要时加用赤霉素浸种。

3. 合理密植　中原地区春季拱棚栽培马铃薯，采用宽窄行，同地膜覆盖种植方法基本一样，有些是双膜覆盖，播种后先盖地膜，再扣拱棚。垄宽 1 米，每垄播种双行，自然形成宽垄 80 厘米、窄垄 20 厘米的宽窄垄。株距 20 厘米，每亩 6 667 株；株距 25 厘米，每亩 5 336 株。

4. 适时播种　一般在 1 月下旬至 2 月上旬，当棚内气温稳定在 3℃以上，10 厘米地温稳定在 0℃以上时，选择无大风，无寒流的晴天播种。

5. 播种方法　选择晴朗天气的 9~16 时播种。定植前先在预植垄上开深 20 厘米、宽 20 厘米的浅沟，浇水造墒，待水渗干后，按株距20厘米放入块茎，放块茎的方式为三角形（实践证明，在播种时每亩施三元素复合肥10千克、饼肥或马铃薯专用有机肥200千克作种肥，增产效果明显，但要注意化肥不能接触到块茎）。然后盖土起垄，垄顶至块茎土层厚15~18厘米，用钉耙耧平，然后喷施除草剂都尔、乙草胺或施田补中的任意一种，最后盖地膜即可。

6. 田间管理

（1）破膜放苗。种植后10~15天，薯苗破土顶膜，这时应及时人工破膜，破膜后用土盖严苗周围，以确保膜下土壤湿度。

（2）及时通风。拱棚马铃薯出苗不通风，二氧化碳供应不足，影响光合作用，植株生长不良，叶子发黄，因此需要及时通风。拱棚马铃薯幼苗时期，应由棚的侧面通风，以防止冷风直接吹到马铃薯幼苗上产生伤害。

具体做法是：增加通风量，在大棚钢架或竹木结构棚架外，先把1~1.5米高的农膜固定在棚架侧面中部，下边开沟用土压实，称为底膜；棚架上面扣顶膜，顶膜压在底膜上0.5米，用压膜线固定，通风时往上推顶膜，下拉底膜，中部露出通风空隙，其通风空隙可根据苗的生长情况、气温、风力随时调节。前期气温低，一般都顺风通风，即在上风头封闭，下风头开通风口；后期温度回升，一般采用双向通风，即上风头和下风头都通风，使空气能够对流，以利于降低棚内温度。另外，还要轮换通风，锻炼植株逐渐适应外部环境的能力，气温高时将膜全部揭掉（图5-16）。

（3）温光调节。

1）温度调节。3月中下旬气温达到20℃以上时，每天9时开始通风，将棚温控制在白天22~28℃，夜间12~14℃。进入4月可视气温高低，逐渐由半揭棚膜到全揭棚膜，由白天揭晚上盖到撤棚，以防伤苗。在撤棚膜前，最好浇1次透水，等温度升上

图 5-16　拱棚种植通风图

来后再全揭膜。防止全揭膜后，立即浇水，降低地温，影响植株生长。

2）光照调节。生育期间要经常用软布擦抹棚面上的灰尘，用竹竿轻轻振落棚膜上的水滴，以保持最大采光。

（4）防止低温冷害。拱棚马铃薯的播种期早于大田马铃薯30天左右，早春气温变化大，应随时注意天气变化，气温在2～5℃时，马铃薯不会受冻害，但气温降到-2～-1℃时，则会受冻害，应及时采取防冻措施（图5-17）。

1）浇水。可降低低温冷害影响，对短时期的-3～-2℃低温防冻效果很好。

2）熏烟。

3）加外覆盖。夜晚棚外加盖草苫等覆盖物进行保温。马铃薯受冻后应及时浇水，防止棚温过高（棚温上升到15℃时应及时通风，棚温不宜超过25℃）。

4）喷生长激素。冻害严重的植株应及早喷施赤霉素、爱多收、芸苔素、防冻剂、防病药剂等来补救，以利其恢复生长。

（5）肥水管理。由于拱棚升温快，土壤水分蒸发量大，所以在拱棚栽培马铃薯时，一般都采用足墒播种、施足底肥，因

图 5-17　苗期低温冻害图

此，出苗前不需要浇水与追肥，如发生干旱需要浇水时，要防止大水漫垄。马铃薯出苗后，及时浇水助长。以后根据土壤墒情适时浇水，保持土壤见干见湿，田间不能出现干旱现象，待苗高 15~20 厘米时喷施叶面肥。在马铃薯整个生长期内，喷 3 次叶面肥。一般在浇水前 2 天喷施叶面肥。浇水应在晴天中午进行，尽量避免雨天浇水，以防棚内湿度过大，导致晚疫病的发生和流行，晚上可在棚内点燃百菌清烟雾剂，进行防病。

7. 适时收获　收获前 5~7 天停止浇水，以提高马铃薯表皮的光洁度。收获时应大小分开，防止脱皮、碰伤、机械创伤，保证产品质量。

8. 病虫草害防治　具体见本书“病虫草害防治”。

四、早春拱棚马铃薯套种甘蓝技术

早春采用拱棚种植马铃薯套种甘蓝，可以充分利用土地和拱棚保护设施，提高土地和设施利用率，使马铃薯、甘蓝都可提早上市，提高经济效益，增加单位效益，提高农业收入。此模式一般产马铃薯 1 100 千克/亩、甘蓝 1 500 千克/亩，甘蓝 4 月 20 日左右即可上市，马铃薯在5月上旬上市，效益可观。

（一）品种选择

马铃薯选用早熟脱毒良种，是高产高效的基础和保证。脱毒种薯出苗早，生长健壮，叶肥浓绿，根系发达，抗逆性强，比未脱毒的种薯增产30%以上，品种可选用豫马铃薯1号、豫马铃薯2号、郑薯7号、郑薯8号、费乌瑞它、中薯3号等，既早熟又高产。甘蓝可选用早熟、抗寒性强的8398、中甘11、北农早生、报春、迎春、鸡心甘蓝、牛心甘蓝等品种。

（二）种植规格

1行马铃薯套种2行甘蓝。带宽70厘米，垄沟式种植，垄高15~18厘米，垄背宽40厘米，垄沟宽80厘米。垄上种1行马铃薯，株距22厘米，亩栽苗2 500株左右；垄沟内栽2行春甘蓝，行距40厘米，株距33厘米，亩栽苗3 300株。

（三）催芽与育苗

1. 马铃薯催芽　具体见本书“春露地栽培技术”。

2. 甘蓝育苗　甘蓝育苗设施最好采用温床、单坡面塑料大棚、阳畦或日光温室空闲地进行，苗龄一般70~80天。按照当地的气候条件，确定定植时期，由定植时期推算出育苗适期。郑州地区一般12月下旬为播种最佳适期。播种过早，易春化造成先期抽薹，影响产量及品质；过晚，则达不到早熟、高产的目的。适龄的壮苗是丰产栽培的关键，壮苗的形态特征是6~8片真叶，叶丛紧凑，叶色浓绿，叶肥大，茎粗壮，大小整齐，根系发达。在幼苗管理上要“控前促后，控小不控大”，即幼苗5片真叶前要控，早间苗蹲苗，防徒长，叶面喷施微肥，加病毒A、多菌灵，预防病害和小老苗；注意放风、炼苗，小苗3片真叶就可分苗，苗距一般为8厘米×8厘米或10厘米×10厘米；移栽时带土坨，少伤根，有利于早缓苗。幼苗出土前白天保持20~25℃，夜间保持15℃；幼苗出土后及时放风控温，白天温度掌握在 18~23℃，夜间床温不低于 10℃，防止定植后先期抽薹。

（四）播种与定植

1. 施足基肥　亩施优质土杂肥，3 000~5 000 千克/亩，硫酸钾 25 千克/亩，过磷酸钙 40 千克/亩，冬前深耕，翌年春解冻后细耙 2 遍，整平土地备播。

2. 播种时间　棚内气温 3℃以上，10 厘米地温 0℃以上时，在 2 月上旬，选无大风、无寒流的晴天播种马铃薯，并于当天扣棚提高地温，为甘蓝定植做准备。

3. 马铃薯播种方法　在垄顶开沟种植，覆土前每亩用 10% 辛硫磷颗粒剂 2 千克撒入沟内，防治地下害虫，覆土 10~15 厘米。

拱棚马铃薯从播种到出苗 30 天左右，3 月上旬可以出齐苗，3 月初定植甘蓝，因此在管理上要考虑到两者的需要。

（五）精细管理

1. 温度调节　当气温达到 20℃时开棚通风，促进棚内气体交换，保证结球甘蓝光合作用所需要的二氧化碳，棚温 18℃左右关闭风口。4 月上旬可酌情半揭膜或全揭膜，终霜期全揭膜。

2. 光照调节　马铃薯是喜光作物，生长期间常用竹竿拍打棚膜，以利膜上水珠抖落而透光。

3. 肥水管理　甘蓝定植浇 1 次缓苗水后，注意控水蹲苗以防苗期生长过旺，造成通过“春化”而发生未熟抽薹。马铃薯苗基本出齐时需要追肥、浇水促进生长。可结合浇水每亩追施尿素 20 千克，促进马铃薯茎叶生长。在马铃薯团棵期、甘蓝莲座期，可结合浇水每亩施尿素 20 千克促进茎叶生长；甘蓝结球初期第二次追肥，每亩施三元素复合肥 25 千克，或腐熟的人粪尿 700~800 千克/亩。此后 5~7 天浇 1 次水。甘蓝叶球生长盛期，第三次追肥，亩施尿素 25 千克促进叶球紧实。浇水要保持小水勤浇，马铃薯块茎膨大期注意保持土壤湿润。同时，应注意降低棚内湿度，及时通风换气，防止病害发生。

（六）病虫草害防治

马铃薯主要病虫害有晚疫病、蚜虫、蛴螬、地老虎等。

甘蓝主要病害有黑腐病、软腐病及霜霉病。其中，黑腐病、软腐病属细菌性病害。可于发病初期叶面喷77%可杀得可湿性粉剂600倍液，或60%百菌通（琥·乙磷铝）可湿性粉剂600倍液，或72%农用链霉素可湿性粉剂4 000倍液。对霜霉病，应在甘蓝莲座期叶面喷施72%克露可湿性粉剂500倍液预防。

甘蓝生长后期易受蚜虫的为害，可选用40%氧化乐果乳油1 000倍液，或25%扑虱蚜可湿性粉剂1 000~1 200倍液，或10%吡虫啉可湿性粉剂2 000倍液进行喷雾茎叶防治。

（七）适时收获

1. 甘蓝 在4月20日左右叶球基本紧实后，及时采收。采收前5天不浇水，以免出现炸球现象。

2. 马铃薯 拱棚马铃薯一般在5月上旬视当地市场行情，收获上市。

五、秋季栽培技术

8月中旬至11月上旬是秋季马铃薯的生长季节，中原二季作区气候的变化规律是由高温到低温，前期温度高，日照长，适宜马铃薯地上部茎叶生长，后期温度逐渐降低，昼夜温差大，日照短，适宜马铃薯养分积累和块茎膨大。从气候条件分析，秋季温度、日照比春季更适宜马铃薯生长发育。随着优良品种的推广普及，新技术的应用和管理技术的改进，秋季马铃薯的产量将会逐渐提高。根据秋季的气候条件变化规律，在马铃薯的管理上，应一促到底。秋季马铃薯有秧就有薯。前期应及早加强肥水管理，形成繁茂强大的茎叶，为光合作用及后期养分积累奠定基础。

（一）播种前的准备

1. 地块选择及整地　秋季种植马铃薯应选择地势较高、土地平坦、旱能浇涝能排的地块，以防雨后田间积水，造成烂种死苗，导致缺株断垄，影响产量。前茬以黄瓜、西瓜、豆类、大蒜、洋葱、小麦、油菜等为好，前茬不能是番茄、茄子、辣椒等茄科蔬菜，更不能连作。在有土壤传播病害的地区，更应注意。

在前茬作物收获后，及时灭茬耕地，一般要求犁地两遍，第二次犁地时每亩施入农家肥 400 千克、复合肥 25 千克。没有农家肥，要求每亩施复合肥 50 千克、尿素 20 千克左右。若墒情不足，在第二次犁地前应浇底水，保证有足够的底墒，以利出苗。秋季施用不腐熟的农家肥，易发生疮痂病。为防止地下虫及疮痂病的为害，犁第二遍地时，应撒毒饵和硫黄粉进行土壤处理。

2. 种薯准备和种薯处理　秋季马铃薯播种时正遇高温、多雨季节，切块播种常出现烂块现象，造成严重缺苗，甚至出现种薯全烂完的情况，造成秋薯严重减产或绝收。这是长期导致秋季马铃薯产量低、严重影响农民种植积极性和阻碍马铃薯发展的一个重要原因。

（1）选种及小整薯播种。郑州市蔬菜研究所马铃薯课题试验研究表明，秋季用小整薯播种不仅可解决秋季烂种、死苗问题，对提高产量、防止退化也起到了重要作用。中原二季区秋季用的种薯应是春季种子田，提前收获并经过精选的块茎，提前收获的种薯较少受蚜虫和高温的影响，病毒病感染、退化轻，种性好，后代产量高；种薯除首先选用优良品种外，还要选用无病、无伤、无裂、皮色鲜亮、大小适中的块茎；正常情况下整薯播种，每亩需 50 克左右的小块茎 200～300 千克，块茎大者，种薯量增加。整薯播种不但幼苗粗壮、生长发育快、产量高，而且整薯播种时由于块茎有皮层的保护，抗旱、抗病、耐涝性较强，播种后下雨或田间短时积水（及时排出）也能保证正常出苗；整薯播种与切块播种相比，在全苗的情况下，一般增产 50%以上，有的甚至成倍增产。

（2）种薯处理、催芽。休眠期短的品种采取整薯播种，虽能出苗，但出苗较晚，且不整齐，在田间生长天数较短，影响产量。对这些品种（如豫马铃薯 1 号、豫马铃薯 2 号、中薯 3 号等）应采取播前催芽及赤霉素（920）浸种催芽，赤霉素有促进马铃薯块茎中酶的活性，解除马铃薯块茎休眠，使其细胞伸长，促使其发芽的作用。部分休眠期短的品种，春季种薯经过暖种或切块催芽，即可播种，不需要赤霉素浸种催芽。但是采用阳畦、拱棚等提早春播（1 月底播种）或秋季播种时，由于种薯尚未度过休眠期，不易出芽，需用赤霉素浸种催芽。

（3）沙床催芽。催芽在室内进行，先将室内打扫干净，然后铺湿沙 2～3 厘米、宽 100 厘米、长根据种薯量及场所而定的催芽沙床；种薯浸种捞出后，随即摊放到沙床上，厚 20～25 厘米，然后覆盖湿沙 2～3 厘米；催芽 5 天，待芽长出 2 厘米左右即可播种。催芽 5 天内不洒水，以防烂薯；芽催成后，因天气和其他原因不能播种的，可将块茎从沙床上扒出摊放在室内见光绿化；光可以抑制芽的生长，使芽色发绿，变得粗壮。

（二）播种

1. 适时播种　秋季马铃薯的播种因栽培的目的及播种品种不同而差异较大。作为商品食用的可适当早播，作为种薯用的可适当晚播。

（1）留种田。留种田秋季适当晚播，试验表明，适当晚播者可有效规避高温、减少病虫为害，早播虽产量较高，但商品质量降低，因为生育期提前，幼薯形成阶段正处于较高的温度时期，此时感染疮痂病严重。

（2）商品生产田。播种过晚能保证全苗，病害轻，种性好。以郑州为例，从综合因素考虑，在正常年份情况下，作为商品食用薯栽培者，以 8 月上旬播种为宜；作为种薯栽培者，以 8 月下旬播种为宜，其他地区根据气候条件，因地制宜，适当掌握。

河南省各地区适宜播种期见表 5-9。

表 5-9 河南省各地区秋季马铃薯播种期

品种	地区	播种时间
商品薯	安阳、濮阳、新乡、焦作等地	8 月上旬（10 日左右）
	郑州、洛阳、开封、商丘、许昌、漯河等地	8 月上旬（5~10 日）
	信阳、南阳、周口、驻马店等地	8 月中旬（15~20 日）

2. 种植密度 在一般情况下，秋季较春季的种植密度应大些，具体应根据品种、土壤肥力、块茎大小、播种早晚等因素而确定。尤其是采用整薯播种，整薯的大小对秋季的种植密度起关键作用，适宜种植密度见表 5-11。

表 5-11 秋季马铃薯种植密度表

块茎大小（克）	行距（厘米）	株距（厘米）	密度（株/亩）
整薯 25~50	60	20	5 555
整薯 50	60	23	4 381
整薯 75	60	27	4 155
整薯 100	67	30	3 317
整薯 125	67	33	3 015

3. 播种方式 一般春季采用朝阳坡播种，而秋季则采用背阳坡播种的方法，因背阳坡不受日光的直射，温度低，块茎可免受高温的影响，不易腐烂，幼苗能安全出土，且出苗早。在墒情正常的情况下，按计划行距用绳打印，用犁或锄在靠近绳印处开深 10 厘米的沟，开出的土放在沟的南边。将块茎按计划株距摆放在沟底的南边，然后用沟北边（绳印北边）的土覆盖 10 厘米厚，镇压后再用菜耙耧一遍保墒。摆块茎时应顶芽朝上，较大的

块茎应平放。大小不一致的块茎，摆放时应上齐下不齐，这样盖天土厚度一致。

秋季播种正逢雨季，播种后地头要挖排水沟，雨后及时排除田间积水。田间块茎被水淹时间稍长，将造成田间烂薯（块茎）、死苗。

秋季播种应在10时前及15时以后进行，阴天可全天进行。炎热的中午前后不宜播种，温度高易造成烂薯。播种时要求随开沟随播种，随覆盖土。严防沟开完后再播种，播完后再覆盖土。否则，开沟后经日晒，土壤温度高，播后易造成烂薯。

在淮河流域及豫南地区，雨水较多，为了便于排水，防止播后块茎被淹，可采用垄播的方法。

（三）田间管理

1. 浇水 秋季播种后，如天旱无雨，土壤墒情不足，影响出苗，应及时进行浇水。浇水应在早晨或傍晚进行，此时浇水可以降低地温，促使早出苗、出壮苗。浇水量要小，浇水后应及时中耕，破除板结，松土保墒，增加土壤的透气性，以防烂薯。切勿浇大水，以免湿度过大，土壤板结造成大量烂薯。幼苗出土后，气温较高，土壤水分蒸发量大，应小水勤浇，保持土壤湿润，促进地上部茎叶生长。

10月气温逐渐下降，茎叶已覆盖地面，土壤蒸发量减少，地上部茎叶生长缓慢，马铃薯进入块茎膨大盛期。应根据天气、土壤墒情、植株生长情况适当减少浇水次数，只要保持土壤湿润即可。霜降前应浇1次大水，进行防霜，以后直到收获不再进行浇水。

2. 追肥 该茬马铃薯播种后20天左右出苗。出苗后温度较高，适宜马铃薯地上部茎叶生长。肥水供应及时充足，幼苗就能迅速生长。追肥应早施，并适宜加大追肥量，使地上部茎叶在9月下旬封行，为后期光合作用制造大量的养分奠定基础。追肥偏晚，苗期生长缓慢；后期温度低，植株吸收量很小，施入的肥料不能充分发挥作用，效果差。幼苗出齐后，结合浇水或中耕进行第一次追肥，一般要求每亩施碳酸氢铵40~50千克。苗高35厘米左右时，马铃薯进入膨大期，结合培土或浇水进行第二次追肥，一般追施尿素10~15千克。地上部茎叶瘦弱、叶片发黄，可适当加大追肥量。

另外，还要根据底肥施用的情况决定是否增加其他肥料种类。

3. 中耕培土　出苗前，由于降水或浇水，土壤板结，透气性较差，不利于出苗。同时，由于此时温度高，湿度大，杂草发生多、生长快，应及时进行中耕，消灭杂草。

（1）出苗前遇雨或浇水后中耕，主要是破除板结，只锄沟，不锄垄背，以免损伤幼芽，影响出苗。

（2）出苗后进行第二次中耕，行间适当深，靠近幼苗要浅，主要是消灭杂草。

（3）苗高20厘米左右时可进行第三次中耕，此次中耕要浅，不要伤根，并结合进行第一次培土。

（4）开花初期，马铃薯进入膨大盛期，进行第二次培土。培土时注意不要将下部的叶片埋住，以免影响光合作用，造成减产。每次培土厚度为3~4厘米。

（四）收获和储藏

具体收获和储藏方法见本书“马铃薯收获和储藏”。

六、露地马铃薯套种模式与栽培要点

把生育季节不同的两种或两种以上的作物，在前一种作物的生育后期，于其行间或株间播种（或移栽）另一种作物的种植方式，称为套种。

很多地区种植马铃薯都有套种的习惯。由于马铃薯抗寒性强，播种早，成熟收获早，植株矮，根系在土壤中分布浅，所以能与许多作物套种。常见的套种作物有玉米、棉花、甘薯、小麦、西瓜、蔬菜、果树等（图 5-18）。

图 5-18　葡萄套种马铃薯

马铃薯与其他套种的作物共生期短，相互影响小，能充分利用土地、时间、空间及光能，变一年两熟为三熟、四熟，增加了复种指数，改变了耕作制度，所以说马铃薯是套种的理想作物。

（一）套种技术要点

马铃薯与粮、棉、瓜、菜套种后，充分利用了时间、空间、土地和光能，增加了复种指数，提高了单位面积产量，是好的一面。但是，套种又存在两种作物相互争水、争光、争肥、争劳力等相互矛盾的一面。因此，只有根据茬口、劳力、作物生育特性、土壤肥力、水利等条件作适当的安排，并加强科学管理，才能达到套种的双高产与双丰收。

1. 选用适宜套种的品种　套种必须有适宜的品种才能获得双高产，否则品种搭配不当，不但会造成大幅度减产，还会影响下茬作物的安排。

2. 栽培管理应突出“早”字　春马铃薯应适时早播，种薯应进行催芽早播，出苗早，结薯早，成熟收获也早。在管理方面，应突出抓早，适当早播早管，早中耕、早追肥、早培土、早浇水，促使早发棵、早结薯、早收获。尽量缩短马铃薯与套种作物的共生期，促使套种作物幼苗良好的生长发育，为丰产打下良好的基础。

3. 科学规划带距 科学规划带距，可解决作物对水、肥、光、热的需求矛盾问题。不同作物不同生育期对水、肥、光、热等的需求不同，所以应根据套种作物的种类，选用适宜的套种方式及带距，并以宽窄行的方式种植。这样既解决了通风透光和管理上存在的矛盾，又保证了马铃薯及套种作物的密度，为争取双高产奠定了基础。

4. 增施肥料，加强管理 套种后，一地多种，两种作物同时生长，因光照、通风等条件的影响，幼苗生长比较瘦弱。马铃薯收获后，必须抓紧时间对套种的作物进行中耕、增施肥料、培土、浇水等管理，促使幼苗迅速生长。套种后，一地多种多收，对肥料需求量增大，只有多施底肥，增施追肥，才能满足作物对肥料的需求，夺取双丰收才有保证。

（二）马铃薯与玉米套种栽培要点

马铃薯与玉米套种一高一低，共生期短，较为合理，便于管理。

1. 套种方式 玉米与土豆套种，以 150 厘米为一带最好。宽窄行种植两行马铃薯，两行玉米。马铃薯两行之间行距稍大些，可采用窄行距 60 厘米、宽行距 90 厘米、株距 20 厘米，以便于在马铃薯生长阶段的中耕除草、追肥、培土、浇水等田间管理。

在马铃薯培土成垄后，可使 2 行马铃薯之间成为垄沟，马铃薯需水时可顺垄沟浇水，不影响玉米苗期的蹲苗。这样可以解决两种作物共生期间管理的矛盾。

宽行内种植2行玉米，行距为30厘米，株距25～30厘米，具体株距应根据玉米的株型、高矮、生育期长短而定。

2. 选种　马铃薯应选用早熟、植株较矮（50厘米左右）、结薯集中的品种。与玉米套种，下茬种植秋菜的应选用早熟玉米品种，下茬种植小麦的应选用中晚熟高产品种。播种两行马铃薯后，从马铃薯边行算起需留出90厘米的大行距准备种植玉米，每亩种植马铃薯4 444株，玉米2 962株。采用这样的套种方式，一般每亩可收马铃薯1 500千克左右，玉米400千克左右（图5-19）。

图5-19　玉米套种马铃薯

3. 水肥管理　玉米播种前要做好马铃薯的中耕、追肥、培土、浇水等管理工作。玉米以4月至5月初播种为宜，二季作物地区春季露地地膜覆盖栽培方式以马铃薯苗出80%时建议开始点播玉米，山区一季作栽培区以5月下旬至6月上旬播种为宜。两者共生期以不超过50天为好。

马铃薯收获后，要及时对玉米进行追肥、培土、浇水，促进玉米健壮生长。马铃薯的茎叶可作绿肥，玉米培土时，将其埋入靠近玉米棵处，浇水后马铃薯茎叶很快沤烂腐熟，变成肥料供玉米吸收。

（三）马铃薯与棉花套种栽培要点

马铃薯与棉花套种以播2行马铃薯、2行棉花，180厘米一带为好（图5-20）。

图5-20　马铃薯与棉花套种

马铃薯两行间距60厘米（以便培土后成垄，顺垄沟浇水），株距20厘米，每亩种植马铃薯3 703株。在马铃薯播种后，中间空出120厘米播种2行棉花。棉花行距40厘米，株距20厘米，每亩棉花3 703株。

马铃薯播种期一般比棉花早1个月左右，马铃薯出苗后，棉花才播种，棉花蹲苗后发棵，马铃薯已进入成熟阶段。由于马铃薯与棉花共生期短，对棉花生长发育影响较小。

马铃薯与棉花套种后，对马铃薯进行肥水管理，田间湿度较棉花单种的湿度相对要大，改变了田间的小气候，减轻了棉蚜的为害。另外，马铃薯茎叶生长迅速，给棉花形成了自然风障，保护了棉田免遭4月的冷空气及5月干热风的侵袭，有利于棉花的生长发育。

（四）马铃薯与小麦套种栽培要点

马铃薯与小麦套种，以74厘米一带为宜。马铃薯播种1行，小麦播种3行。马铃薯行距74厘米，株距20厘米，每亩播种

4 504 株。10 月上旬在马铃薯行间播种小麦 3 行，小麦行距 17 厘米，马铃薯距第一行小麦 20 厘米。

（五）马铃薯与甘薯套种栽培要点

马铃薯的块茎与甘薯的块根虽然都生长在土壤中，但马铃薯耐寒性强，播种早，而甘薯怕霜冻，必须在春季晚霜过后才能栽植。马铃薯出苗后生长较快，而甘薯为蔓生作物，前期发根长蔓比较晚，两种作物在共生期间不存在植株相互遮阴的矛盾。待甘薯蔓伸长，分枝增多，茎蔓旺盛生长时，马铃薯已成熟。所以，利用早熟马铃薯与甘薯套种，既能充分利用土地空间，又能增产。

各地区采取的种植方式不一，但以 2 行马铃薯、2 行甘薯套种的方式较为合理。以 165 厘米为一带，马铃薯播种 2 行，行距 60 厘米，然后留宽行 105 厘米，栽植 2 行甘薯。甘薯株距 35 厘米，甘薯与马铃薯行相距 35 厘米。马铃薯株距 20 厘米，每亩 4 040 株。甘薯株距 30 厘米，每亩 2 693 株。马铃薯前期培土成垄，便于浇水。

（六）马铃薯与瓜类套种栽培要点

马铃薯套种的瓜类有西瓜、冬瓜、笋瓜等。一般带宽为 200 厘米，每带种植马铃薯 3 行，马铃薯平均行距 66 厘米，株距 20 厘米，每亩种植 5 012 株；瓜类平均行距 2 米，株距 40 厘米，每亩 833 株（图 5-21）。

马铃薯收获前，瓜类的秧蔓应顺行爬，待马铃薯收获后，再将蔓整理成与行垂直的方向。

（七）特别提示

马铃薯的种薯生产与商品薯生产要求条件不完全相同。种薯生产不能与蔬菜套种。种薯生产要求尽可能避免或减少蚜虫为害，保证种薯退化轻、种性好，以实现再生产增产的目的。而商品薯生产只保证当季高产，在套种时不考虑病毒传播（不影响食

图 5-21　马铃薯与冬瓜套种

用品质）问题，只要互不影响生长发育，能达到双丰收即可。

第六章　北方地区一季作区栽培技术

一、春露地栽培技术

（一）播种前的准备

1. 选地　北方地区多数类型的土壤都能栽培马铃薯，但并不是都能获得较高的产量。土壤的质地、理化性质、肥力状况都是影响马铃薯产量的重要因素。马铃薯种植的适宜土壤条件是：活土层深厚、土壤疏松肥沃、排水良好、pH 值为 5.2～6.5，质地适中的沙壤和轻质壤土。

2. 选茬　马铃薯的前茬以谷子、麦类、玉米茬最好，其次是高粱与大豆。在菜田里，最好的前茬是葱、蒜、芹菜、胡萝卜、萝卜等。因为番茄、茄子、辣椒、白菜、甘蓝等作物与马铃薯感染共同的病害，所以不宜作马铃薯前茬。

3. 整地　马铃薯是浅根系作物，大部分须根分布在 40 厘米土层以内。深耕整地是改善土壤水肥气热条件的有效措施。以秋整地为好，一般耕深 25～30 厘米，要整平耙细。

4. 种薯的选择

（1）品种纯正。具备本品种优良性状，无混杂现象。

（2）正规生产。通过规范的繁种程序生产出的种薯。

（3）不带病。没有感染当地主要病毒及真菌、细菌病害。

（4）无损伤。无或有少许机械损伤。

（5）块茎。单块重 40～250 克，无畸形薯。

（6）储藏良好。没有受低温、伤热、缺氧影响。

（7）生理年龄适中。马铃薯的生理年龄是影响马铃薯生长发育、产量和品质的重要因素，它决定着出苗时间、主茎数、块茎数量、大小、成熟期及产量。因此，在商品薯生产中应选择壮龄或幼龄种薯，老龄薯产生的主要因素是种薯生长条件，如高温、干旱、水肥胁迫、病害等，此外，储藏运输过程中的损伤、变温也将促进薯龄老化。

5. 晒种与催芽

（1）晒种。播种前 15～20 天出窖，在 13～15℃有散射光的条件下，散堆或袋装，要定期翻动保证受光受热均匀。

（2）催芽。参照中原地区二季作区马铃薯春露地栽培的催芽方法进行。

（二）适时播种

马铃薯适时播种是获得高产的重要因素之一。马铃薯的播种期应根据当地条件确定，首先是地温，因地温直接关系到种薯的发芽和出苗。播种过早，温度低而影响出苗，即使出苗，也常受当地晚霜为害；受害严重时，植株生长点造成冻死，需要较长时间再从叶腋中重新发出侧芽，因而延迟生长。催大芽的种薯，在地温太低时播种，长期不能出苗，块茎中的养分会向芽顶端集中，而使顶芽膨大，形成“梦生薯”而不能出苗，造成严重缺苗断垄。适宜的播期，应是当地 10 厘米的地温达到 6～7℃时的日期，也可根据当地晚霜期前推 25～30 天，定为适宜的播种期。催大芽的种薯可适当晚播。如播种后覆盖地膜，可提早 5～7 天播种。播种深度一般 7～12 厘米（块茎到垄顶的距离），要根据土壤条件、墒情、播期等具体情况确定（图 6-1）。

（三）合理密植

播种密度应根据生产目的、品种类型、自然条件、播种方式

图 6-1　机器覆膜播种

等因素确定。生产商品薯或加工速冻薯条的原料薯，要求块茎大而整齐，密度要适当稀些；生产种薯，为提高种薯的利用率，要求块茎多而小，应适当增加密度。早熟品种的植株较矮小，分枝少而短，密度应大些；晚熟品种的植株高大、繁茂、分枝多而长，密度应稀些。同一品种在短日照条件下，植株高度变矮、匍匐茎长度变短，应适当增加密度。灌溉条件好、肥力好的土壤，有足够的养分可供给更多的植株生长和结薯，密度可适当大些；瘠薄、干旱的土地密度应适当稀些。商品薯、原料薯可参考的种植密度为：早熟品种的行株距一般为（70~80 厘米）×（15~20 厘米）；中晚熟或晚熟品种，一般为（90~100 厘米）×25 厘米。生产种薯时，早熟品种的行株距一般为 70 厘米×（10~15 厘米）；中晚熟或晚熟品种，一般为（90~100 厘米）×（20~25 厘米）。肥力条件较差时，早熟品种的行株距可缩小到 60~65 厘米；中晚熟或晚熟品种，行株距为 80 厘米×（20~25 厘米）。

（四）田间管理

1. 发芽期管理　此期历时 20~30 天。播后苗前的管理应集中在破除板结和除草上。

（1）松土。用轻型锯齿耙搂松垄上土，其作用不但可破除板结，而且还可以去除发芽的杂草，提高地温，加速出苗。但作业时要注意芽长，以避免伤害幼芽。

（2）化学除草。常用的药剂有金都尔每亩 100~120 毫升加塞克 26~33 毫升，兑水 50 千克全田喷雾，进行封闭除草。

2. 幼苗期管理　幼苗期也称团棵期，是从出苗到第 6 片叶或者第 8 片叶展平的日期，一般历时 15~20 天。这个时期植株每天约增高 1 厘米。虽然此期茎叶干重只占总干重的 3%~4%，而且时间较短，但一生的同化系统和产品器官都在此期分化建立。因此，要通过除草、中耕、追肥、灌溉等管理措施促根壮苗，保证根、茎、叶协调分化与生长。

3. 发棵期管理　发棵期是从团棵期开始到封顶叶展平。早熟品种一般 12 片叶，中晚熟品种 16~18 片叶，需 20~30 天。这个阶段植株每天增高 1.8~2.7 厘米。此期前期是以建立强大的同化系统为中心，并逐步转向以块茎生长为重点。该期是决定单株结薯多少的关键时期，所以各项农艺措施都要围绕这一中心开展工作。田间管理重点是加强水肥管理、除草及中耕培土，保持足墒，以利养分吸收。此期通常进行 2 次中耕培土，在植株封垄前培土高度要达到 15~20 厘米。通过中耕培土来控秧促薯，促进由茎叶生长为中心向块茎生长过渡。

4. 结薯期管理　此期逐渐进入以块茎生长为主的结薯期。一般持续 30~60 天。块茎的形成一般早熟品种是从现蕾期到始花期，中熟品种则从始花期到盛花期，需肥需水达到峰值，此期关键的农艺措施是防病保叶，尽量保持茎叶不衰，保证有足量的光合产物向块茎转运和积累。

（五）病虫草害防治

病虫草害防治具体见本书“病虫草害防治”。

（六）收获与储藏

根据品种熟性、块茎膨大情况、市场需求与产值、天气情况等多种因素综合考虑确定。一般早熟品种出苗后 60~70 天收获，中熟品种出苗后 80~90 天收获，晚熟品种出苗后 100~110 天收获。当市场处于淡季，只要早收的产值大于晚收增产的产值，就可适当早收。有些地区的有效生育期较短，初霜期较早，为防止冻害，晚熟品种等不到正常的生理成熟时期，也需要及时收获。

二、早春地膜覆盖栽培技术

（一）选地整地

1. 选地要求 地势较平坦的缓坡地；土层深厚，土质疏松，保肥水能力强，有水源，并且排灌方便，肥力中等以上。陡坡地、石砾地、沙巢地、瘠薄地和涝洼地产量不稳定。

2. 整地要求 在深翻 20~25 厘米、深浅一致的基础上，细整细耙，使土壤达到深、松、平、净的要求。具体做到地面平整，无坷垃、干净无碎石、无前茬作物根茬、无杂物、墒情好。必要时可以先灌水增墒，然后整地。

3. 按配方施肥技术施肥和植保标准要求施药 按配方施肥技术，施足底肥和种肥及防治地下害虫的农药。播种后，喷施除草剂，然后贴紧地面覆膜，抻紧压实。

4. 覆膜 其程序是深翻耙耢整地+开沟+施入肥料与杀虫剂、封沟搂平、床面喷洒除草剂+铺膜压严+破膜挖坑+播种+湿土封严膜孔。

（二）田间管理

1. 引苗 不论是先播种后覆膜还是先覆膜后播种，都必须进行引苗。引苗有两种做法。一是压土引苗，即薯芽在土中生长至 5~6 厘米，从床沟中取土，覆在播种沟上 5~6 厘米厚，轻拍形成土埂，靠薯苗顶力破膜出苗。二是破膜引苗，当幼苗拱土时，及时用小铲或利器，在对准幼苗的地方，将膜割一个“T”字形口子，把苗引出膜外，用湿土封住膜口。

2. 检查覆膜　在生长过程中，要经常检查覆膜。如果覆膜被风揭开，或被牲畜践踏，要及时用土压住。

3. 喷药　在生长后期，与传统种植一样，要及时打药防治晚疫病。

4. 培土量　在块茎膨大时，注意培土，防止出现青头，影响质量。

（三）特别提示

1. 掌握好播种期　覆膜种植比传统种植出苗快，一般可提早 7 天左右，所以播种时间要尽量使出苗赶到晚霜之后。

2. 晒种　覆膜种植时，种薯最好要经过晒种催芽，使种薯幼苗萌动后再播种。

3. 采用大芽块或小种薯整薯播种　覆膜种植的种薯芽块要大，以每块达到 40 ~ 50 克为最好。也可用小整薯播种，这样可以使单株生长旺盛，更好地发挥增产潜力。

4. 催芽长度　人工播种芽长 1 厘米，机械播种 0. 5 厘米，以免伤芽。

第七章　南方地区栽培技术

一、南方冬作区种植马铃薯优势

（1）春季是全国马铃薯上市的淡季，相对北方马铃薯主产区，冬种马铃薯是反季节种植，具有“天时”的优势。

马铃薯喜冷凉，既怕霜冻，又忌炎热。块茎发育的最适温度是17~19℃，植株生长的最适温度是21℃。低于2℃或高于29℃时块茎停止生长，0℃以下易受冻害死亡。热带地区无法种植马铃薯。马铃薯在北方最早5月，最迟10月收获，马铃薯休眠期为2个月左右，常温保存2个多月就会发芽，马铃薯发芽后可产生较高的有毒生物碱——龙葵素，食后可引起中毒，冷储保鲜费用又太高。南方冬作区马铃薯收获季节主要集中在2月初至4月上中旬，是全国马铃薯上市的淡季，相对马铃薯主产区，河南省冬种马铃薯是反季节种植，巧打“时间差”，可将马铃薯推向海外市场，价格高，经济效益好。

（2）南方冬作区拥有种植马铃薯最好的土壤、水资源及气候的优势，冬季种植马铃薯有得天独厚的自然条件，具有“地利”的优势。冬种马铃薯需求的温度、水分、土壤条件较高，冬季在北半球，只有在北回归线横贯的地区方可种植马铃薯，但在北回归线横贯的地区土壤、水资源条件适合种植马铃薯的并不多，严重制约马铃薯大面积生产，也避免了过量生产造成产品过剩，保持市场价格稳定。

(3) 通过水旱轮作，利用冬闲田栽培马铃薯，病毒感染少，品质优，对后作水稻具有明显的增产效果。实践证明，利用晚稻收获后的冬闲田栽培马铃薯，提高了土地、光热资源的利用率，同时，通过水稻与马铃薯的水旱轮作，减少了农作物病虫害的发生，改善了土壤结构，提高了马铃薯的品质。另外，马铃薯茎叶作绿肥增强了土壤肥力，对后作水稻具有明显的增产效果。

(4) 马铃薯具有减肥、健胃养颜等功效，深受世界各国人民的喜爱，市场需求量巨大，有广阔的市场空间。马铃薯是减肥时候的极佳选择，因为它不含脂肪，热量低，容易让人产生饱腹感，而且营养成分很高。另外，马铃薯具有养胃、健脾利湿、宽肠通便、降糖降脂、美容养颜等食疗作用，深受世界各国人民的喜爱。在全世界所有粮食作物中，马铃薯的需求量排名第四，仅次于水稻、玉米和小麦。中国加入世界贸易组织（WTO）后，水稻、玉米、小麦等农作物的国际市场竞争力日趋减弱，由于马铃薯是高产粮食作物，产量是水稻的 4 倍，小麦的 8 倍，以其产量高、成本低等特点显示出强劲的优势和发展潜力。几年内，我国马铃薯种植面积发展到 7 000 万亩，产量超过 7 000 万吨，分别占全球的 1/5 与 1/4，成为世界上最大的马铃薯生产国，但国际市场仍供不应求。

(5) 南方冬作区紧靠香港、澳门，邻近东南亚地区，交通便利，有明显的区位优势与地理优势，是我国马铃薯出口的主要通道，因此，马铃薯生产不仅满足本地马铃薯供应，而且还是出口创汇的重要产品。据联合国粮农组织统计资料，我国每年马铃薯出口量为 350 000 吨左右。经有关部门统计，我国每年通过广东口岸出口的马铃薯约 250 000 吨，占全国马铃薯出口量的 70% 以上，据农业部统计，广东省自产马铃薯年出口量占全国通过广东出口总量的 80% 左右，具有明显的区位优势与地理优势。另外，南方冬作区是我国栽培马铃薯的传统产区，农民通过种植马铃薯尝到了甜头，极大地调动了农民冬种出口型马铃薯的积极性。因此，农户更新观念，选用良种，加强耕作管理，使马铃薯生产有很大的发展空间。

二、南方稻草覆盖栽培技术

（一）播种准备工作

1. 选地整地 应选择土壤肥沃、土层深厚、结构疏松、水资源丰富、排灌方便、微酸性的沙质壤土为好，重黏土不利于薯块生长且容易引起病害。不宜选前作物为茄科作物（如茄子、烟草、辣椒等）或块根作物的地，而应选前作物为禾类、豆类等的地，提倡“稻—稻—薯”水旱轮作（图 7-1、图 7-2）。深耕要在前作收获后及早进行，精细整地，要求土碎、松、均，以提高土壤的透气性及蓄水、保肥、抗旱能力；起垄做畦 1.2~1.3 米包沟，畦面宽 0.75~0.85 米，畦高 0.25~0.3 米，沟宽 0.45~0.5 米。做到高整畦，垄面沟底平直，沟沟相通，以利于旱灌涝排。

图 7-1　稻草覆盖种植

图 7-2　稻草覆盖种植收获

2. 施足基肥 施基肥是促进早生快长，实现高产的重要措施。基肥以腐熟有机肥为主，用量为亩施腐熟鸡粪 500~750 千克或以腐熟鸡粪为原料的有机复混肥 300~400 千克，复合肥［氮：磷（五氧化二磷）：钾=15：15：15］40~50 千克，过磷酸钙 25~30 千克；过磷酸钙与鸡粪要堆沤半个月以上。结合整畦施入大田或在畦中开沟条施入后覆土。

（二）选用良种，种薯处理

1. 选购良种　种好马铃薯，种薯是关键，选择早熟、高产、抗病性强的脱毒原种是首要环节，种植经验丰富可选择费乌瑞它，初次种植或种植较晚（小雪后）地区可选择抗性较强的品种，种植加工薯可选择大西洋、夏波蒂等。要到信誉好的单位或公司购买脱毒马铃薯种。有的农民因为怕花钱，购买了不合格薯种或一些商品薯当薯种用，种植后发现种薯退化严重，田间管理病害严重，出现了大量烂种现象，而且产量很低，加之商品性较差，卖不上好价钱，因小失大、种植赔本风险增加。

2. 种薯处理　种薯购回后，立即将种薯放在室内干燥、阴凉通风处均匀排开，严格挑除病、烂、杂、劣薯。没有萌芽又准备播种的种薯，要用药剂处理以打破休眠期。每个切块最适宜重量为 30~50 克，每个切块须带 1~2 个芽眼。切块应呈三角形、楔状。当切到病烂薯后，切刀要用 0.5%的高锰酸钾溶液或 75%酒精溶液消毒后再用，建议两把切刀交替使用，减少病毒传染的机会。薯块消毒的方法是用农用链霉素、甲基托布津与石膏粉拌种（每亩用量为农用链霉素 14 克、甲基托布津 80 克与石膏粉 10 千克）或适乐时拌种，北风天也可用 80%大生可湿性粉剂 400~800 倍液（或甲托、多菌灵）与农用链霉素浸泡消毒，种薯切块应在播种前 1 天进行，浸泡消毒要晾干后播种。

（三）播种

1. 适时播种　马铃薯适应在冷凉的气候下生长，生长发育适宜温度是 17~21℃，过早播种，因气温过高导致种薯腐烂，易造成缺苗断垄。过迟播种，因马铃薯生长后期受春季低温阴雨天气的影响，易造成病害流行。播种时间可安排在 10 月下旬至 11 月下旬，最为理想的是安排在 11 月上中旬。粤北或桂北地区因避开霜冻，播期可安排在 12 月上中旬。

2. 合理密植 费乌瑞它株型直立紧凑，适宜密植，一般每亩播种 4 000~5 000 株，每畦种两行，内行距 0. 25~0. 3 米，穴距 0. 21~0. 23 米。播种时，按薯块部位或芽长分类播种，每穴一块，“品”字形种植，芽眼向下，如畦中开沟条施肥，芽眼侧向里，薯块不能直接与肥接触，亩用种量 125~150 千克。

3. 播种深度及盖土 播种深度一般为 5~8 厘米，干旱和土质疏松的地块可以播种深些；潮湿和土壤黏重的地块，应播种浅些，盖土要求土碎、松、均。

4. 稻草覆盖 播种覆土后用稻草覆盖垄面，以利保湿保肥，疏松土壤和抑制杂草，促进齐苗壮苗。每亩用干稻草 200~500 千克，稻草与垄向平行，厚薄均匀，头尾相连，两端结合部位用土压住，防止被风吹走。

（四）田间管理

1. 除草 播种后 7~10 天内，每亩用丁草胺与克无踪均匀喷施，幼苗出土后的杂草，可用克无踪定向喷雾。

2. 定苗培土 苗齐后选择最壮的 1~2 株苗保留，及时剪除多余弱小苗。马铃薯生长过程培土 2 次，尽量一次性培土。第一次应在两次追肥后，苗高 15~25 厘米时进行重培土，厚度 7 厘米以上；第二次培土在生长后期，主要是对第一次培土厚度不够的部位进行补土，以增加结薯率，减少薯块青皮、畸形并可防止晚疫病菌落地入薯块，培土时要尽量避免损伤茎秆和枝叶，并拔除田间感病植株。

3. 适时追肥 在出苗 70%时第一次追肥，亩用复合肥［氮：磷（五氧化二磷）：钾 = 16：16：16］15 千克，尿素 2. 5 千克，用水溶解后淋施；1 周后培土，之前进行第二次追肥，亩用复合肥［氮：磷（五氧化二磷）：钾=15：15：15］20千克，硫酸钾5千克；培土后进行第三次追肥，亩用复合肥［氮：磷（五氧化二磷）：钾=16：8：20］15千克；第四次施肥在结薯初期（与第三次施肥间隔10天左右），施复合肥［氮：磷（五氧化二磷）：钾=16：8：20］15千克；每次施肥配施硼、镁、锌等中微量元素营养肥料（微肥施用量少、投资小、增产效益高，加之施用方法简便，易为广大群众接受。但是，微肥施用针对性强且对施用量的要求较严格，施用太多可能会引起肥害甚至还会造成土壤污染，各地土壤条件不同，因此，在生产上使用中微量元素营养肥料，应该在当地农业技术员指导下确定施用量）。在幼苗期、结薯初期、膨大期各喷一次绿滴神1 000倍溶液或0.3%磷酸二氢钾溶液与“云大120”500倍液。若生长后期长势过旺，可喷施1~2次100毫克/升多效唑溶液，收获前30天，视实际情况，用“920”1克兑水75千克喷施，以延长后熟期。

4. 适时浇灌水　马铃薯是对水敏感作物，应掌握前期湿润、中期多水、后期少水的原则。播种后4~7天灌水以湿润土壤。苗期应根据实际情况适量浇灌水，可“跑马水”，即当土壤表面反白时，灌半沟水并保持数小时，待土壤湿润后及时排干。现蕾至开花期是马铃薯需水高峰期，沟底应有浅水层，以保持水分充足，收获前20天排干积水，严防积水造成烂薯，雨水过多要开沟排水。

5. 病虫防治　早熟马铃薯品种（如费乌瑞它），植株易感晚（早）疫病，不抗环腐病和青枯病，一旦发生，又难以控制，因而要贯彻执行“预防为主，综合防治”的植保方针，加强防治。选用原种一代脱毒种薯，播种前严格淘汰病薯；切种薯时，切刀用0.5%的高锰酸钾溶液或75%酒精消毒，切块用甲基托布津400~600倍液与农用链霉素浸泡消毒；齐苗后用80%大生可湿性粉剂400~800倍液或恶霜氟吗800倍溶液或50%福帅得2 000倍溶液喷施预防疫病发生。一般在生长中后期，下雨或空气湿度超过90%持续8小时以上，天气晴朗后立即喷药预防，药物可选用恶霜氟吗或72%的杜邦克露可湿性粉剂600~800倍液，或53%金雷多米尔可湿性粉剂800倍液，连喷2~3次，交替用药，效果更好。一旦发生出现晚（早）疫病症状，立即要选用抑快净与银法利连喷2~3次；如发现病毒感染的花叶、卷叶、矮化等症状的植株应及时拔除。虫害主要有地下害虫与蚜虫，结合第一次喷药用高效灭百可防治地下害虫，一旦发现蚜虫要及时用25%阿克泰等农药防治。

（五）适时收获

当马铃薯茎叶变黄、基部叶片开始脱落、薯皮木化后，如天气晴朗，即可收获。

三、南方覆膜免耕栽培技术

在南方马铃薯覆膜栽培技术比传统稻草覆盖栽培技术更能提温保墒，保持土壤结构疏松，促进土壤微生物活动，改善了田间的小气候，缩短了生育进程，使马铃薯早熟、高产、稳产。尤其在“民工荒”的今天，每亩能节约人工成本400~600元，还能减少青头薯的发生，值得推广。在生产上建议使用黑色、黑白色薄膜进行栽培，其具体栽培技术同稻草覆盖栽培技术一致。

四、稻草覆盖免耕栽培技术

（一）该技术的优越性

1. 稻草还田，培肥地力　采用稻草覆盖栽培，马铃薯收获时，覆盖的稻草已腐烂，加上马铃薯残株翻耕还田作为水稻底肥，增加土壤有机质，改善土壤结构，培肥地力。同时，可减少化肥用量，保护农业生态环境。

2. 省工省力，降低生产成本　免耕种植只需开沟做厢，将垄面稍做平整后将种薯直接摆放在厢面上，盖上稻草即可。马铃薯生育期间不需中耕除草、培土，收获时改“挖薯”为“捡薯”，只需移开覆盖的稻草就能采收，显著减轻了劳动强度。一般每亩可节省 12 个劳动日左右。

3. 调温保墒　稻草覆盖可明显调节土壤温度，有利于促进块茎生长，并能减少土壤水分的表面蒸发和雨水对表土肥力的淋失，提高土壤保水保肥能力、促进植株的健壮生长。稻田免耕栽培比传统栽培出苗期提早 9 天，且出苗整齐强壮。

4. 利于提高产品质量　采用稻田免耕种植马铃薯，实行水旱轮作，减少了种薯与土壤的接触，降低了土壤带菌传染的机会，可以减少病虫害发生概率；同时稻草全田全程覆盖能有效地抑制杂草的生长，从而减少农药的使用量，降低生产成本，确保产品食用安全卫生。免耕种植的马铃薯收获时不伤块茎，块茎整齐，薯形完整，薯皮光滑，块茎鲜嫩，病害轻，破损率低，商品性好，提高了马铃薯的商品品质和储藏性。

5. 效益显著　据有关部门调查报道，该项技术与普通栽培技术比较，一般可增产 20%左右，大中薯率提高 7%～10%。从理论上分析，其增产原因与稻草覆盖，结薯环境极为疏松，病虫、杂草少有关。据湖北省宜昌市农业技术推广中心调查认为“三增”（增产、增加商品薯率，卖价高增加收益）、“一减”（减少投资成本），一般每亩马铃薯纯收入在 1 500 元以上，是油菜的 4 倍，比普通栽培法可增收 300～500 元。

6. 技术简单　稻草覆盖免耕栽培技术，操作简单，农民易掌握，乐于接受。

（二）栽培技术要点

1. 选地整地　选择土壤肥力中等以上，排灌方便，前茬非种植辣椒、番茄、烟草等茄科作物和甘薯、萝卜等块根作物的沙壤土种植马铃薯。播种前分厢开沟，沟宽 30 厘米，沟深 15 厘米，挖好排灌沟。挖排灌沟时，部分沟土用于填平厢面低洼处，其余的沟土在施肥播种后用来覆盖种薯和肥料，或者在覆盖稻草后均匀地撒放在垄面。

2. 品种选择及种薯处理　以当地气候条件和市场的需求为原则，选择生育期适中，适销对路的高产、优质、抗病、休眠期已过的优质脱毒种薯，避免使用带毒、带病的种薯和商品薯作为种薯。在播种前15~20天，按每亩150~200千克备好备足种薯。种薯消毒、切块及催芽方法参照本书“春露地栽培技术”进行。

3. 适时播种　稻草覆盖免耕栽培主要是秋播或冬播，因此要在没有霜冻或霜冻很轻的地区进行。有霜冻的地方要通过调整播种期避开霜冻的为害。一般秋播时间在9月中下旬，冬播时间在12月中下旬。

4. 合理密植

（1）宽垄种植。宽130~150厘米，每垄播种4~5行，宽窄行种植，中间为宽行，宽行距30~35厘米，两边为窄行，窄行距20~25厘米，株距20~25厘米，厢边各留20厘米。按“品”字形摆种，每亩种植6 000~7 000株。

（2）窄垄种植。宽70厘米，每厢播种2行，行距30厘米，株距20~25厘米，厢边各留20厘米，按“品”字形摆种，每亩种植5 500~6 500株。

（3）播种窍门。播种时将催好芽的种薯放在土面上，稍微用力压一下，使种薯与土壤充分接触，以利扎根出苗。

5. 施好肥，盖好草　每亩施用优质农家肥1 000~1 500千克，三元素复合肥80~100千克。在盖草前一次性将充分腐熟的农家肥直接分放在种薯上。化肥则放在两块种薯中间，也可以放在种薯的附近，但需要与种薯保持5厘米以上的距离，不能与种薯直接接触，以防肥料灼烧块茎，引起烂种。

播种施肥后，采用稻草与垄垂直、草尖对草尖的方法，及时整齐均匀地用稻草覆盖整个垄面，稻草厚薄要均匀，不留空隙，轻轻压实，覆盖厚度以 8~10 厘米为宜。稻草要平行铺盖，如交叉覆盖，易出现“卡苗”现象，不利于出苗。

（三）田间管理

1. 接苗与查苗补栽　播种后约 20 天，马铃薯基本可出苗。此时要对全田逐垄做一次检查，发现缺苗时，就要扒开覆草检查一下，如发现幼苗在草下生长，要及时接苗出草至自然环境中，如有缺苗，要及时从育苗圃中取苗移栽，以确保全苗。

2. 肥水管理

（1）追肥。稻草覆盖免耕栽培以基肥为主，一般不追肥，所以基肥施得一定要足，如果肥料不足就需要在齐苗后追肥，数量和方法为每亩用含量为氮：磷：钾为 15：15：15 的硫酸钾型复合肥 12.5~150 千克，加尿素 2.5 千克，兑清水 20 千克淋施，如果淋施 1 次没有达到效果，7~10 天后再淋施 1 次。在结薯期或块茎膨大盛期，用“云大 120”500 倍液或 0.3%磷酸二氢钾溶液各喷施 1 次，增产效果显著。如果在喷施上述肥料时加入 0.01%硫酸铜和硼酸混合液增产效果更为理想。在生长后期，如遇阴雨寡照天气，在现蕾期茎叶易徒长，可选用 15%多效唑可湿性粉剂 800 倍液喷施，控上促下。

（2）水分管理。播种时土壤要有一定的墒情，如果前茬是稻田，水稻收获后立即播种马铃薯，一般能获得较理想的墒情。如果不能及时播种，以致土壤干旱发白甚至开裂，在播种前要灌 1 次跑马水，在土壤水分适宜的情况下再开垄播种。播种至出苗前，土壤应该始终保持湿润，以利于快速出苗。如遇干旱应通过厢沟及时灌水，水层宜浅，不要浸过垄面泡到种薯，以润灌、喷灌为宜。待土壤湿润后立即排水防渍，禁止大水漫灌。马铃薯幼苗出土后，茎叶尚小，需水不多。如果水分过多，对根系的向下伸展不利。如果过于干旱，可通过垄沟渗灌或者喷灌保持土壤水分，促进苗期正常生长。现蕾以后意味着生长发育由发棵向结薯转变，进入结薯膨大期，需水量剧增，这一时期如果水分适宜，块茎膨大快，产量高。如果土壤缺水就会影响块茎膨大，薯皮老化，当再遇到水分充足时，块茎又恢复生长，形成畸形薯。所以从现蕾以后应适量的灌水。结薯后期，如遇阴雨天气，雨水较多，加上覆盖的稻草腐烂，保水性增强，则要注意排水防渍，以免贴近土面的稻草湿度过大，造成烂薯。收获前10天左右，要停止灌溉，以提高马铃薯的品质，增强耐储性。

（四）霜冻及病虫害防治

1. 霜冻 霜冻天气对马铃薯生长往往造成很大的为害，因此在规划时要调整好播种期，尽量避开霜冻为害。如在生长期间出现霜冻天气，可采用以下措施预防：

（1）在霜冻到来前的1~2天，放水进沟，保持土壤湿润。

（2）用草木灰撒施叶面或用稻草、草帘、席子、麻袋、塑料布等遮盖物覆盖。

（3）用秸秆、谷壳、树叶、杂草等作燃料，在上风头烟熏，每亩设烟堆3~5个，慢慢熏烧，使地面上笼罩一层烟雾。

（4）施用抗冻剂或复合生物菌肥，可以起到一定的预防作用。

（5）霜冻发生后的早晨，太阳出来前及时淋水或人工拨除叶面上的冰块，以减轻霜冻为害。

2. 病虫草害防治 及时防治病虫害，可采用几种药剂交替或混合使用，以避免产生抗药性。

（五）收获

1. 分期采收 稻草覆盖种植马铃薯可根据市场需求分期采收，将稻草轻轻拨开采收大的块茎，再将稻草盖好让小块茎继续生长，这种采收方法既能选择最佳薯形及时上市，实现同一作物粮用型向经济型转变，又能获得高产丰收，提高总体经济效益。

2. 正常采收 当茎叶由绿逐渐变黄转枯，匍匐茎与块茎容易脱落，块茎的表皮韧性大、皮层厚、色泽正常时，即可选择晴天采收。收获时，掀开稻草即可捡薯，入土的部分块茎，要用木棍或竹扦子挖出来。稍微晾晒后，装筐运走，防止雨淋和日光暴晒，以免块茎腐烂和变绿，确保产品质量。

第八章　西南地区一二季混作区栽培技术

一、西南地区马铃薯栽培技术

云贵高原和武陵山区的高寒地区，无霜期短，且地多人少，马铃薯生产仍有一定面积的一年一熟制。云南省由于加工业的蓬勃兴起和鲜薯大量出口，马铃薯经济价值高，在中、低海拔地区一熟制面积也有扩大趋势。其他省、市如能逐渐将马铃薯转变为加工原料，使其产值超过间套收入，单作面积也将相应增加。

（一）选茬整地

马铃薯忌连作，在西南地区更应特别注意，因为栽培过马铃薯的田地中，收获时难免有少量块茎残留在土壤中，即使是高海拔地区，冬季土壤冰冻层一般也不超过 15 厘米，残留的块茎不易冻坏，第二年又可萌发成为新的植株，俗称“隔生马铃薯”；马铃薯一切病害都能通过带病种薯传播，其中也包括带病的隔生马铃薯。有些病害如粉痂病、癌肿病、青枯病等和有晚疫病卵孢子存在的地方，可通过土壤传播。同时马铃薯对土壤肥力的反应比一般作物敏感。因此要获得马铃薯稳产高产，应与禾谷类、豆类等作物轮作。

马铃薯的根系主要分布于耕作层中，加之又是地下结薯，对水肥需求量又大，这就非常需要一个疏松深厚的土壤环境。因此在耕作上必须采用深耕细整土以加厚活土层，提高土壤的通气性和保水保肥能力，促进微生物的繁殖活动，以利于土壤的风化和肥料的分解，增加土壤中的有效成分，提高抗旱抗涝能力，从而保证马铃薯植株良好的生长发育，提高产量。深耕的办法：一是机耕；二是套耕。深翻土地要早，这样土壤风化时间长，且有利于减少第二年的病、虫、杂草。

山区雨水多，要尽可能选择排水通气良好的土壤，开好垄沟、腰沟、围沟，做到沟沟相通，明水能排，暗水能降，防止淹涝。如果土壤湿度过大，不仅影响产量，还会影响块茎品质。据研究，马铃薯生长在高湿度的土壤中时，因土壤的通气性差，易引起块茎腐烂。

（二）确定播期

1. 适期播种　适期播种是使马铃薯各生育期处于适宜外界条件并良好生长的重要措施。西南地区地势复杂，气候悬殊，不同海拔高度的最适播期有所不同。适期播种应遵循以下原则：

（1）根据品种特性将结薯期安排在平均气温 15℃以上、23℃以下，日长不超过 14 小时的时期，出苗后不遭受晚霜为害。

（2）趋利避害，躲过自然灾害与病虫盛发期。

（3）有利于前后作的安排，如春马铃薯早播早熟，可增种一茬秋季作物。

2. 适播特点

（1）春播一季作的适宜播期，一般是在当地晚霜前 20～30 天，气温稳定在 5～7℃、10 厘米处土温 7～8℃时播种，无论播期早晚，春播应保证全生育期有 100～120 天；夏、秋播应保证早霜前有 90 天以上的生育期。春播播期为 1 月上旬至 3 月中旬，在此范围内随海拔高度的上升，播期逐渐延迟。秋播通常以当地平均气温下降至 25℃以下为播种适期，山区播种稍早，在 7 月中下旬至8月上旬；丘陵和平坝区偏迟，以8月中下旬至9月上旬为宜。

（2）在冬、春两季无霜或基本无霜的地区，可冬播马铃薯，播期为12月上旬至12月下旬，翌年4月下旬至5月上旬收。

（三）育芽带薯移栽

播种质量的好坏，关系到保证全苗，达到苗齐、苗壮，提高产量。据调查，西南地区马铃薯缺苗断垄的现象比较严重，一般缺苗率在3%~5%，严重者达20%以上。造成缺苗的原因除种薯有问题如病、烂、纤芽，储藏不良外，与播种方法不当也有密切的关系。

1. 优点 20世纪，湖北省恩施市沙地农民邓祥光从玉米营养块育苗移栽得到启示，试验摸索出了马铃薯育芽带薯移栽技术，具有投资少、易操作、收效大的优点。中国南方马铃薯研究中心刘介民与舒荣春、彭应国进行现场考察认为，该项技术从理论到实践都说明这是一项增产实用技术。考虑山区地势、气候条件复杂，恩施州农业局又在全州按不同海拔进行了多点生产试验示范，结果证明育芽带薯移栽不论海拔高低均表现增产，一般可增产20%左右，受到广大农民欢迎，很快得到大面积推广。

育芽带薯移栽虽然要多花时间，但由于移栽到大田覆土浅，加之结的块茎少而大，收获时省工，实际上还可节约工日。

2. 增产原因 一是经苗床育芽可进一步淘汰病薯、纤芽薯，可保苗全、苗齐、苗壮；二是能充分发挥顶芽优势，提早出苗7天以上，发苗快，现蕾开花、结薯期比直播的提早10天左右，大中薯率提高13.5%~23%。

3. 育芽技术

（1）种薯处理。马铃薯收获后，精选单薯质量40~50克，纯度高的健康块茎作种薯。种薯一定要薄摊于楼板上或架藏，借散射光的作用抑制白色纤细长芽滋长，寒冬季节温度1~3℃时注意防冻。

（2）催芽。选择多年没有种过茄科作物，向阳滤水、土质肥沃、便于管理的土地作为苗床，苗床宽 1 米，长度按需种量而定，先将床土挖松整细备用。高、中山区于 1 月上旬，低山区于 12 月底（1 500 米以上高山区于开春后）挑选尚未萌芽或刚开始萌芽的种薯播种育芽，种薯顶端朝上，一个挨一个摆播，表面一定要保持平整，上盖 1 厘米厚的细土，使芽子生长整齐。而后架低棚覆膜，四周用土盖严，开好排水沟，床土要稍干，湿度大了出芽快而细长，难以形成壮芽。

芽子刚破土，顶端呈绿色时，及时连同种薯挖起，每个种薯保留顶端 3~4 个壮芽，多余的芽子全部抹掉。

（四）合理密植

西南地区马铃薯块茎生长盛期，一般是低山区在 5 月下旬至 6 月上中旬，中山区在 6 月至 7 月上旬，高山区在 7 月中下旬，这段时间都是处于高温季节，对块茎的形成与膨大有一定的影响，适当密植，提前封行，绿色体覆盖地面，减少土壤水分的蒸发，降低土表温度，有利于马铃薯的生长发育和块茎的膨大。但密度过大致严重荫蔽，则影响通风透光，黄化脚叶增加，病害加重，块茎商品率明显减少。

要做到合理密植，就要因品种、因地制宜。据试验，植株比较高大且茎叶繁茂的品种，如米拉密度在每亩 4 000 株以下时，随着密度的增加产量明显递增；4 000~5 000 株时，虽有相应增产效果，但不明显。一般以亩栽 4 000 株，即 50 厘米的行距、33 厘米的株距为宜。株丛矮小的品种，每亩应在 5 000 株左右，可采用 50 厘米的行距，20~25 厘米的株距。合理密植，除亩栽株数要合适，还要恰当控制每株主茎数，因为地上茎的数量与地下茎、匍匐茎的数量有一定的相关性，地上茎多，地下茎也多，由地下茎节上的腋芽发育而成的匍匐茎相应也增加，这样结的块茎虽多但小，商品薯率大大下降。地上茎太少，虽然结的块茎大，但由于数量太少，同样也不能获得高产。总之主茎数过多过少都不能获得高产。以每株 3～4 个粗壮主茎的产量最高，商品薯率也相当高。

此外，还要考虑到地势条件，阳坡宜适当密植，阴坡宜适当稀植。

（五）配方施肥

马铃薯是高产作物，所需营养物质较多。西南山区土壤种类较多，不同土壤所含有机质、氮、磷、钾及微量元素各不相同，最好在马铃薯播种前先检测土壤营养成分，为科学施肥提供依据。

根据马铃薯成苗快、速熟的特性，依肥料的性质与马铃薯吸肥规律进行施肥。马铃薯施肥应按有机肥为主、化肥为辅的原则，在施肥的时间上掌握既要平衡施肥，又重施底肥，早施追肥。在施肥的种类上掌握要增施钾肥。基肥用量通常占总肥量的80%以上，一般情况下应将大部分或全部肥料于播种或临近播种前施用，以增进氮的吸收和促进叶面积的发展，基肥以厩肥、土杂肥等有机肥为主，配合过磷酸钙和硫酸钾，一般每亩施有机肥 3 000～4 000 千克，过磷酸钙 15～25 千克，硫酸钾 15～20 千克。播种时用人、畜粪尿 100～150 千克或氮素化肥 5～7.5 千克作种肥，促进幼苗健壮生长。

在追肥技术上，第一次追肥可追芽肥。芽肥是指马铃薯即将破土出苗或零星出土时，先行松土除草后再追肥。每亩追施人、畜粪尿 100～150 千克或尿素 10 千克，比追苗肥可增产 10%以上。不要表施化肥，要开穴埋入土中或施后盖土，以免挥发和淋失。

第二次追肥应在现蕾时进行，尤其是晚熟高产的品种更有必要。据中国南方马铃薯研究中心试验，追肥 2 次比追肥 1 次增产

32.2%。第二次追肥应根据当时植株长势、长相、叶色确定追肥量。据中国南方马铃薯研究中心刘介民研究员多年观察调研，生长正常的植株现蕾期株高应是盛花期株高的2/3，以米拉品种为例，现蕾期株高应为40厘米左右，这样每亩可追施人、畜粪尿100~150千克或尿素5~8千克，或碳酸氢铵15千克。如果此时植株矮小老残，则应重追，以促进生长。如果植株超过50厘米，并表现有徒长的趋势则应少追或不追，加以控制。此外，还需根据天气预报确定追肥量，如以后雨水多则应少追；反之，可适当多追。阳山、土质瘠薄可适当多追，阴山、土地肥沃则可少追。

用稀土微肥作追肥，效果亦好，能使叶绿素含量增加，光合作用增强，据田间试验记载分析认为，追稀土微肥可比对照增产11.3%~13.4%。追肥方法是现蕾期用浓度为0.02%的稀土微肥水溶液喷施1次，开花期再用浓度为0.03%的稀土微肥水溶液喷施1次。此法由于投资少，故经济效益显著。

（六）中耕除草与培土

马铃薯属于浅根性作物，根系大部分分布在土壤表层下40厘米，结薯层主要分布在10~15厘米的土层中，故需要一个疏松的土壤环境。西南山区多雨，杂草丛生，土壤容易板结，勤中耕非常重要。中耕除草的作用不仅可以铲除杂草，减少水分、养分的消耗，改善田间通风透光条件，减轻病虫为害，还可为植株的健康生长与块茎的膨大创造疏松的土壤环境条件。

中耕除草应掌握“头道深，二道浅，三道刮刮脸”的原则，即第一次中耕要深（20厘米左右），及早创造疏松的土壤环境，以利匍匐茎的伸展和块茎的形成，锄后捡净杂草，做到土松草净。第一次中耕一般在齐苗后进行，不必培土，只需不使根系外露，此时如培土会降低土温，不利早发快长，同时也会造成以后几次无土可培的困难。当第二次、第三次中耕时，因匍匐茎已伸长，如深锄易损伤切断匍匐茎，故不宜太深。中耕结合培土，既可增厚结薯土层，以利块茎膨大，又可避免块茎裸露地表晒绿而降低品质。

（七）植株调理

1. 化调 若植株生长过旺，在现蕾始花期喷施植物调节剂多效唑能矮化植株，促使茎节缩短变粗，叶色由淡绿变浓绿，有效地调节地上部与地下部生长关系，增强光合作用，促进光合产物迅速向块茎转移，一般可增产10%，大中薯率增加，提早成熟4~5天。施用化调药剂的种类和浓度是15%多效唑可湿性粉剂50克兑水50千克，均匀喷在1亩地的植株茎叶上，不漏喷，不重喷；药剂要现配现用，喷药时间要选择晴天的傍晚。

2. 摘花蕾 对天然结实性强的品种，为避免消耗养分影响结薯，可摘除花蕾。

（八）病虫草害防治

山区多雨，应注意清沟排水。晚疫病、青枯病、粉痂病为本区主要病害，二十八星瓢虫、块茎蛾为本区主要虫害，均应加强防治。详见本书“病虫草害防治”。

（九）及时收获

具体见本书“马铃薯收获和储藏”。

二、西南地区马铃薯套种轮作栽培技术

（一）西南地区马铃薯与玉米套种

1. 马铃薯与玉米套种的好处 西南山区耕地面积有限，玉米是该区种植的主要粮食作物，稻谷、小麦是山区人民赖以改善粮食结构的主要细粮，不可能采取挤占玉米、小麦等其他粮食作物、经济作物的办法扩大马铃薯种植面积，故此西南地区只有发展马铃薯与玉米等作物套种才是正确出路。

马铃薯生育期短，株矮，与高秆作物玉米、高粱等套种优势明显。一是能充分利用时间和空间，提高对土地、光能的利用

率，增大两者的边际效应。二是马铃薯与禾谷类作物对不同营养的需求量不同，前者需要钾肥较多，后者需要氮肥较多，又是深根与浅根作物搭配，既可吸收土壤浅层养分，又可吸收土壤深层养分，从而可使土壤中各种养分得到充分利用。三是可以发挥两者的互补作用，马铃薯后期有高秆作物的适当遮阴，使小气候凉爽，有利于块茎生长。四是可减轻病虫害。两者套种隔离种植，由于根系对病菌侵染的阻碍作用，可使马铃薯对细菌性枯萎病的感染率，由纯作时的 8. 8%减少到 2. 1%～4. 4%，块茎遭地下害虫咬食率减轻 76%左右。五是可明显减少水、土、肥流失。六是春马铃薯收获后还可以复种一季秋苕（甘薯）或秋荞、秋马铃薯、蔬菜等晚秋作物，从而能有效地提高单位面积的产量，增加经济收入。据重庆万州市农业科学研究所、贵州毕节市农业科学研究所等单位的试验结果证明，马铃薯与玉米套种，比净种一季马铃薯或玉米可增加产量 30%～35%，大面积生产实践证明，在土质较好、栽培水平较高的情况下，一般亩产可超吨粮，是增加粮食产量的一项有效措施。

2. 搞好品种搭配　抗病、高产、优质，这是各种栽培类型对农作物品种的共同要求，具体到马铃薯、玉米套种条件下，首先要求马铃薯品种具有早中熟、株丛矮小、株型直立紧凑、封行晚和结薯集中的优点，以减轻对玉米的荫蔽程度，收获马铃薯时不致损伤玉米根系，有利于玉米增产。其次要求玉米品种苗期耐荫蔽，后劲足，一般地区要求中晚熟；高海拔地区由于无霜期短，则要求熟期偏早、竖叶型的大穗品种，同时推广地膜覆盖，以保证玉米成熟。

为了筛选适合与玉米套种的马铃薯品种，在分析了解马铃薯对玉米影响因素的基础上，中国南方马铃薯研究中心谢从华、田恒林做了 19 个不同熟期，不同株型、株高的马铃薯与玉米品种（系）的套种适用性试验，试验结果表明，不同类型的马铃薯品种对玉米的长势、产量的影响程度差异很大。其影响有两个方面：一是马铃薯对玉米荫蔽时间的长短。这与马铃薯的熟期、株高有密切的关系，也就是说玉米苗没有高出马铃薯植株前共生期越长，对玉米的荫蔽程度就越重。二是与马铃薯株型有关。株型扩散、叶片肥大的马铃薯品种比株型直立紧凑、叶片较窄小的品种对玉米的荫蔽程度要重。如南中 552 比米拉植株矮 20 厘米，早熟 10 天，按说应该比米拉更适合于套种。但由于南中 552 出苗早 10 天，发苗又快，叶片又宽大，恰好抑制玉米苗生长，结果玉米反而减产 4%。

3. 选择最佳的套种方式 西南山区不少地方采用单行马铃薯与单行玉米套种。这种套种方式存在马铃薯与玉米地上争光、地下争肥的尖锐矛盾，虽可获得较高的马铃薯产量，但玉米减产严重，且不便于马铃薯的田间管理和收获，也不利于复种晚秋作物，弊多利少。

中国南方马铃薯研究中心刘介民、田恒林于 1988~1989 年选择代表不同海拔高度、不同生态条件的地区布点进行试验，试验设计包括了西南山区试用的各种套种方式，结果证明采用 1.67 米的宽行，播种 2 行马铃薯（马铃薯窄行距 40 厘米，株距 30~33 厘米，2 400~2 600 株/亩），2 行玉米（玉米窄行距 40 厘米，株距 25 厘米），实行宽窄双行套种为最佳套种模式。

马铃薯与玉米 2∶2 套种模式高产的原因：一是保证了单位面积上马铃薯与玉米有较大的密度，营养面积处置合理，二是玉米、马铃薯之间的距离较远，减轻了马铃薯对玉米苗期的荫蔽程度，行间通风透光条件改善。据测量，2∶2 模式对太阳光的截获率高于其他处理 27%以上，从而有利于提高两者的单株产量。

4. 地膜覆盖 大量的试验结果和生产实践表明，马铃薯覆盖地膜有增温、保温、保墒、保肥的作用，有利于土壤中微生物的活动，可促使马铃薯早生快发，早结薯，提早成熟，减轻病虫害，增产效果显著。

中国南方马铃薯研究中心做了马铃薯覆膜试验，结果证明马铃薯播后覆膜可提早出苗21~22天，提早成熟14天，比未覆膜的增产15.73%，套种的玉米增产9.64%，

为了节约地膜覆盖投资，重庆开县采用一膜两用的办法，即用地膜先覆盖春马铃薯（不能破膜），马铃薯出苗播种玉米时，再将地膜覆盖玉米，达到了降低成本、双增产目的。马铃薯亩产1 560千克，玉米亩产492.2千克，分别比露地栽培净增产600千克和280.2千克，经济效益十分显著。

（二）西南地区马铃薯与水稻轮作

西南山区水稻的种植面积相当大，约有1/3为冬闲田。中海拔以下地区小麦与水稻、油菜与水稻的二熟制面积比较大。由于西南山区多雨、高湿、寡照的气候条件，造成小麦多病，产量不高，尤其是品质远不及中原、华北地区等主产区的小麦品质，而具有生育期短、产量高、经济效益大的马铃薯正可取而代之。目前，国家正大力推广冬闲田种植马铃薯。不少地方实行春马铃薯与中稻一年二熟的栽培制度，亩产超吨粮，产值远远高于油菜与水稻一年二熟的种植制度。而且马铃薯茎叶氮、磷、钾含量均超过绿肥紫云英，且易翻耕腐烂，马铃薯收获后，其留下的残株等于为下茬水稻提供了一份优质绿肥。

1. 稻田春马铃薯栽培技术

（1）选用早熟或早中熟品种。夏茬中稻一般在5月中下旬栽秧，马铃薯必须在5月中旬收获，才不误稻田耕耙栽秧。因此必须选用早熟或早中熟（生育期不超过90天）的品种。目前西南山区比较适宜的品种有川芋早、费乌瑞它、鄂马铃薯4号、万芋9号、川芋5号、鄂马铃薯1号、南中522等。

低山就地留种，容易感染病毒，退化快，产量低下，必须每年从高寒山区调种，最好是用增产潜力大的脱毒种薯。

（2）采用育芽带薯移栽和覆膜栽培。育芽带薯移栽技术及增产效果前面已做介绍。为了能提早栽种时间，促使早发芽、早结薯、早成熟，作为水稻前茬的春马铃薯覆膜栽培显得更为重要。

先将田土深耕细整，再开沟做垄成瓦背形，喷施48%拉索乳油300克/亩或80%乙草胺乳油75毫升/亩（持效期70天）防除杂草。如土壤墒情不好，要先灌透水。2月苗床上的种薯破土出芽，顶端呈绿色时，及时移栽到大田，掩土，再搭起30厘米高的小拱棚覆膜；也可不搭拱棚，直接覆膜。周边用土封严保湿、保温，晴天温度超过28℃时，拱棚两头要揭膜通风降温，马铃薯封行后揭去棚膜。试验结果表明，大田覆膜的比不覆膜的可提高温度2.7~4.8℃，提早出苗7~10天，发苗快，现蕾开花提早15~19天，成熟期提前约20天，增产25%以上，不但可提高商品薯结薯率，而且还可确保在中稻插秧前收获。

如大田平铺覆膜不搭拱棚，则在马铃薯出土后用小刀划“十”字形小口，破膜引苗，随即用细泥土封严膜口，以达到不透气、保温、保湿的效果。此法比不覆膜可防冻、提早出苗与提前成熟10天左右，可增产15%~20%，但整体效果远不及拱棚覆膜。

（3）病虫害及排涝。低海拔地区种植马铃薯要注意防治二十八星瓢虫、青枯病，对晚疫病也不能忽视。应及时做好清沟排渍。

（4）追肥、田间管理及其他。具体见本书“西南地区马铃薯栽培技术”。

2. 稻田秋马铃薯栽培技术

（1）栽种秋马铃薯的重要意义。

1）增产增收。夏粮收获后栽一季秋马铃薯，如果栽培得法，亩产可收1 500千克以上，每千克按0.8元计算，亩产值1 200

元，扣除成本，可纯收益 500 元。

2）可实现就地留种。秋马铃薯是在冷凉的气候条件下形成的块茎。一是此时传毒昆虫甚少；二是有稀释病毒的作用，又可保持顶芽增产优势，收获后选留健康小薯（20~30 个）作春种，同从北方和西南高寒山区调进的同一品种产量相近，可大大降低种薯成本。

3）延长加工期。马铃薯的出路在于发展加工业。如果仅靠一季春薯，一般储藏条件，只可加工 3 个月。秋薯收获时间多在 12 月上中旬，可延长加工期 4 个月，加上在山区安排一部分商品薯生产基地，基本可做到周年供应。

（2）秋马铃薯生理特点及所处外界环境条件。秋马铃薯与春马铃薯相比，其生理特点和所处外界环境条件都不太一样。春马铃薯种薯收获早，经几个月的储藏，早已萌芽，而秋马铃薯则是以中山区山地刚收获不久的新鲜块茎作种薯，正处于休眠状态。春马铃薯生长过程是从低温到高温，从少雨到多雨，日照逐渐加长，一般不会出现严重缺苗现象，成熟也没有问题。而秋马铃薯所处外界环境条件恰好相反，是从高温到低温，从多雨到少雨，既有秋涝又有干旱的威胁，日照也逐渐缩短；播早了烂种缺苗严重且易老苗，播晚了又易受霜冻为害，不能正常成熟。故此，秋马铃薯比春马铃薯栽培技术难度要大得多。如果照搬春马铃薯的栽培方法肯定要失败。

西南山区低海拔地区，一般 8 月平均温度为 26~28℃，9 月平均温度为 22~24℃，基本适合幼苗生长和发棵；10 月平均温度为 16~18℃；11 月上旬为 15℃左右，是块茎生长的最佳时期，11 月下旬或 12 月上旬出现初霜；12 月上旬平均温度为 9℃左右，中旬仅 7~8℃，块茎生长极为缓慢；下旬开始降雪，植株因冻害死亡。从 9 月开始降水量逐月减少，水分蒸发量远远超过降水量，容易出现土壤水分亏欠，很不利于植株和块茎生长。

（3）栽培技术要点。栽种秋马铃薯虽然不利因素较多，但只要掌握其生长发育规律，采用相应的农艺措施，抓住栽培要点，做到扬长避短，同样可获得高产。

1）选好种。选好种包含两层意思：一是指品种，应选用早熟或早中熟、休眠期较短的品种，如郑薯七号、费乌瑞它、川芋早、鄂马铃薯4号、南中552等。二是指种薯质量，应选用纯度高、健康、无病虫、无破伤、块茎大小适中的脱毒种薯。大面积生产实践证明，脱毒种薯比普通种薯可增产30%以上。

2）适期播种。中稻收获季节，低海拔地区多在8月上旬（立秋前后），中山区偏低的地方一般在7月下旬（处暑），虽然收获期差一个季节，但低海拔地区高温时间长，需推迟播种，中山区偏低的地方处暑前后是播种秋马铃薯的适宜时期。中山区早霜比低山区来得早，所以与低海拔地区马铃薯生长期实际接近。

3）保全苗。做好种薯安全调运。长途大批量调种，要注意防日晒、高温和雨淋。温度超过35℃不宜调运，因高温利于病菌扩散，尤其是枯萎病菌扩散，造成大量烂种。种薯运到后要及时组织卸货、散包，摊放在阴凉通风处，经常检查，及时严格剔除病薯与烂薯。注意选地，选择肥沃疏松、中性或微酸性土壤，深耕耙平，不留坷垃。适时播种，可根据当地初霜期来临时间和品种生育期长短安排播种期，如遇超过30℃的高温，播期应延后继续炼芽。播种时间，晴天应安排在9时以前、17时以后，随播随覆土，严禁中午高温期间播种。

4）促早发。垄作密植。秋马铃薯由于只生顶芽，一个种块上出1~2个芽。出苗后，日照逐渐缩短，气候日趋冷凉，植株长势长相不如春马铃薯繁茂，因此应加大种植密度。一般以80~90厘米开沟培成垄，垄高25厘米，在垄上播双行，株距20厘米，每穴2个种块，使之在结薯初期叶面积指数达到3.4~4，建成强大的同化系统，为高产奠定基础。

高垄栽培的好处：一是加厚土层，利于块茎膨大，亦可抑制晚疫病发生；二是防止田间渍水，改善土壤通气性，扩大土壤昼夜温差及改善通风透光条件。高垄栽培比平作可增产20%左右。

施肥与田间管理。秋薯的施肥与田间管理在于防止老苗，尽快促进发棵。开播种沟（穴）后施肥。以亩施淡猪尿粪或腐熟有机肥2 000千克，三元素复合肥30千克作基肥。不宜用发热增温的生牛粪和生渣肥。出苗后亩追施尿素15千克，随即深中耕培土。现蕾至盛花期，可用15%多效唑可湿性粉剂50克兑水50千克，再加磷酸二氢钾40克，叶面喷施1~3次可控制植株徒长，以增加产量。

5）防灾害。防治病虫草害。秋马铃薯如遇上秋雨连绵，晚疫病就有暴发的可能，应及时喷药防治。在低海拔地区青枯病的威胁很大，目前，既无有效农药又无抗病品种，主要防治措施：首先是杜绝传染源，精选健康无病种薯，整薯播种。其次是实行轮作换茬，最好是水旱轮作。再次是及时拔除病株。

主要虫害有二十八星瓢虫、地老虎、块茎蛾，其为害程度虽较春马铃薯轻，但也不可忽视。

防旱、涝灾害。雨后要及时清沟排渍，严防田间积水。从9月开始降水量逐月减少，水分蒸发量远远超过降水量，干旱时有发生，遇旱要及时浇灌，保证马铃薯各生长发育阶段对水分的要求，这是夺取秋薯高产的关键之一。

防低温冻害。低海拔地区由于受到气候条件制约，适宜秋马铃薯生长的时间较短。中国南方马铃薯研究中心做的不同收获期试验结果证明，50%以上的块茎产量是在终花期以后形成的。

11月至12月上旬正值块茎生长膨大期，往往因低温块茎生长受阻，并有遭霜冻灾害造成严重减产的可能，故此应做好增温防冻工作，以延长马铃薯生长期，使之正常成熟。

实践证明，增温防冻最有效的办法是：当极端最低温度降至

5℃时，及时拱棚覆膜（棚高要稍高于株高，叶子不能贴近薄膜），既可防冻又可延长生长期。晴天要注意观察棚内温度变化，当棚内的温度超过25℃时要及时揭开两头薄膜通风降温。

第九章　马铃薯常见病害防治

（一）马铃薯病毒病

病毒颗粒很小，在一般显微镜下看不到，只能在几十万倍的电子显微镜下才能识别。病毒侵染是导致马铃薯退化减产的根本原因。为害马铃薯的病毒有20多种，马铃薯感染不同的病毒，其表现症状也不同，常见的地上部症状有花叶、坏死、皱缩花叶、卷叶、矮化、顶卷叶等。马铃薯感染病毒后，块茎变小、变形，产量降低，种性退化（图9-1）。

图9-1　马铃薯病毒病

1. 常见病毒病种类、发病症状与传播途径

（1）普通花叶病毒（PVX）。当X病毒单独侵染马铃薯时，植株生育近于正常，只是在叶片上表现绿色或淡绿色相间的斑驳或花叶。病状轻时一般不明显，但在阴天或在叶片下衬以白纸，

或将叶片迎光透视，则易见黄绿色相间的花叶。温度过高或过低时病状隐蔽。一般减产10%左右。传播途径为接触传播。该病毒钝化温度为68~75℃，体外存活期在1年以上。

（2）潜隐花叶病毒（PVS）。典型表现是叶脉下陷，叶面多皱纹或成波状，对S病毒敏感的品种叶面呈古铜色反应，植株被病毒为害后可减产10%~15%，病毒传播途径主要靠接触传播。该病毒钝化温度为55~60℃，体外存活期为3~4天。

（3）粗皱缩花叶病毒（PVA）。该病毒是造成轻花叶的主要病毒。典型表现是在小叶的叶脉之间出现不规则的深绿色和浅绿色相间的病斑，叶片不平滑，呈皱缩状。叶肉粗糙、绿色部分色深，叶脉下陷，严重时叶缘呈波状。传播途径为接触传播或蚜虫传播为害。该病毒钝化温度为44~52℃，体外存活期为12~18小时。

（4）轻花叶病毒（PVM）。该病毒侵染后，表现卷叶嵌斑花叶病症状。患病植株的叶片尖端叶脉间呈花叶症状，小叶变形，尖部扭曲，叶缘呈波状。茎的顶部小叶卷曲。传播途径为接触传播。

（5）重花叶病毒（PVY）。受该病毒侵染的病株的叶脉、叶柄、茎有褐色条斑，发脆。叶片严重皱缩有斑点或枯斑，叶脉坏死或呈条斑坏死，后期下部叶片干枯坏死，不脱落，顶部叶片常表现斑点或轻微皱缩症状，植株变矮，不分枝或很少分枝，一般减产50%左右。传播途径为接触和蚜虫为害。该病毒钝化温度为52~62℃，体外存活期为1~2天。Y病毒和X病毒或A病毒等复合侵染（Y+X或Y+A）时，植株受害更为严重。

（6）卷叶病毒（PLRV）。感卷叶病毒后植株下部叶片边缘以主脉为中心向上卷成勺形，叶片变厚发脆，严重时全株叶片由下而上卷成筒状，矮化。有些品种叶色褪绿，叶背呈紫红色。有些病毒株系使感病块茎的维管束变成褐色或网腐状。感卷叶病毒严重时减产 40%~60%。主要传染途径是蚜虫，该病毒钝化温度为 70℃，体外存活期为 12~24 小时。

特别提示：上述几种病毒都可以通过蚜虫及接触（汁液摩擦）传毒。田间管理条件差，蚜虫大量发生时发病重。此外，25℃以上高温会降低寄主对病毒的抵抗能力，也有利于传毒媒介蚜虫的繁殖、迁飞、传毒，从而有利于该病的扩展，加重受害程度。故一般在冷凉地区栽培的马铃薯发病轻。品种的抗病性及栽培措施等都会影响病毒病的发生程度。

2. 防治方法

（1）推广利用脱毒薯。建立脱毒薯繁育基地，通过检测淘汰病薯，生产上通过二季栽培等综合技术留种。

（2）选用抗病品种。在条斑花叶、普通花叶和卷叶病毒发生严重的二季作区，可选用豫马铃薯 1 号或 2 号、克新 4 号、中薯 3 号、费乌瑞它（鲁引 1 号、津引 8 号）等。

（3）精选种薯。在田间严格选留无病毒症状的植株留种，建立种子田。

（4）调整播种期、收获期。春季早播、早收，秋季适当晚播。

（5）及时治蚜与播期调整。蚜虫是主要的传毒媒介，因此，掌握蚜虫迁飞规律，调整播种与收获期，避蚜虫传毒与躲避高温，能防止病毒性退化。以郑州地区为例，该地区桃蚜于 4 月下旬由第一寄主（越冬寄主）向第二寄主（马铃薯、蔬菜等）迁飞，6 月上中旬在第二寄主间扩散。为了防止蚜虫传毒，除对田间进行喷药防治外，调整留种田的播种期与收获期，也是防治病毒病的有效方法。

（二）细菌性病害

1. 马铃薯环腐病　环腐病是一种常见的马铃薯毁灭性细菌病害。北方地区一季作区发生较严重，二季作区发生较轻。春、秋生产季节发病造成死棵，储藏期造成大量烂薯（图 9-2）。

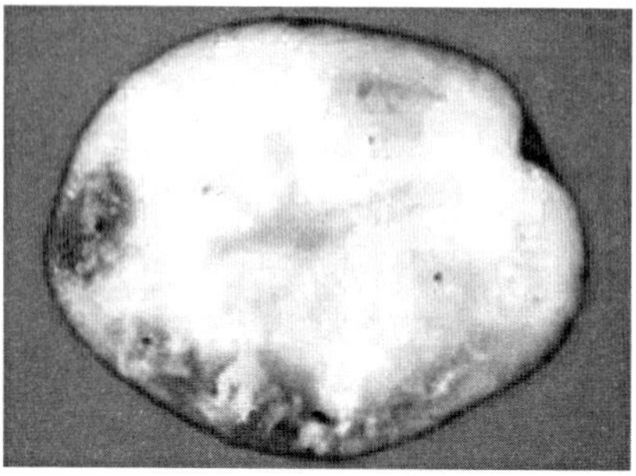

图 9-2　环腐病薯块

（1）发病症状。带病块茎播种后，重者在土壤中烂掉，轻的比健薯晚出苗 4～5 天。随着种薯的发芽出苗生长，病菌可沿维管束组织逐步蔓延到地上部茎枝的维管束，影响水分向上输送，植株发生萎蔫。另外，病菌从维管束蔓延到新生块茎，块茎由脐部维管束向上，感病轻者维管束变色，严重时维管束腐烂，呈棕红色，用手压挤，薯肉与原皮层分离。植株外部表现为瘦弱矮小，叶片发黄变小，下部叶片边缘或尖端先出现褐色斑点，以后干枯向上卷或早期死亡，但叶片不脱落。有些中、上部叶片前期保持绿色，以后变成灰绿色并萎蔫。

在生长期，部分病株分枝正常，植株稍矮，个别枝条（半边）萎蔫或全萎蔫。顶部叶片变小，部分叶片组织褪色，由浅绿色变成黄绿色，叶缘出现褐色斑点。上部叶片向上卷曲，叶片萎蔫下垂，下部叶片多数枯黄，茎保持绿色。有些叶片先由尖端变褐到全部变褐，病株叶片向上卷曲变枯，仅留顶部几片灰绿色小叶。切开病株，茎基部维管束不变色或变成浅褐色，用手挤压可溢出乳黄色或乳白色黏液，见图 9-3。

（2）传播途径与发病条件。环腐病传播途径主要是切块时借切刀传播。病菌黏液附着在条筐等运输工具上也可把病菌传给健薯。干燥后的黏液，病菌仍可存活数月。但环腐病不能在土壤

图 9-3　环腐病叶

中越冬。块茎带病是病菌的主要来源。在收藏时，带病的块茎和健康薯在一起堆积时，很容易通过伤口接触传播，而最广泛的传染途径是通过种薯切刀传播。

环腐病菌最适宜生长的温度是 20~23℃，在田间发病最适宜的温度是 18~24℃，最高温度 31~33℃，最低温度 1~2℃，致死温度在干燥情况下为 50℃经 10 分钟。最适宜 pH 值为 6.8~8.4。

（3）防治方法。

1）加强植物检疫。调运带病种薯是环腐病远距离传播的主要途径。严禁从病区调运、引进种薯。

2）整薯播种。避免环腐病借切刀传播。

3）建立无病种薯田。留种田选用 2 年未种过马铃薯的地块。种薯应是株选的无病健薯，通过培育无病种薯才能彻底消灭环腐病。

4）切刀消毒、削腚（脐部）把关。切块前首先给把关人准备好 3~4 把刀。把关人用刀在种薯的尾部（脐部）削切一刀，发现维管束变色立即淘汰，并对切刀消毒，然后再换一把经过消毒的刀。经过削切脐部把关，把无病的健康种薯单独存放，由其他人进行切块。这样既防止了环腐病借切刀传播，又减少了其他人切刀消毒的麻烦，效果很好。

切刀消毒：可将切刀在火炉上烧烤 20 秒左右，取出后放入凉水中浸泡一会儿，切刀凉后即可使用。或者将切刀在开水中煮 2~3 分钟，晾凉后使用。

2. 马铃薯青枯病 马铃薯青枯病在黄河以南及长江流域发病较重。

（1）发病症状。植株发病时某个茎或某个分枝突然萎蔫青枯，同株的其他茎叶仍然正常，但不久也枯死，见图 9-4。

图 9-4 青枯病植株表现

因为病菌沿维管束侵入各个茎内，早侵入早发病，晚侵入晚发病，最后全株枯萎。病株稍矮缩，叶片浅绿色或苍绿色，下部叶片先萎蔫后全株下垂，开始早晚恢复，持续 4~5 天后整株茎叶全部萎蔫死亡，但仍可保持青绿色，叶片不凋落，叶脉变褐，茎出现褐色条纹，横剖可见维管束变褐，湿度大时，切面有细菌液溢出。

植株发病的同时，病菌从匍匐茎侵入块茎，脐部组织首先出现病状。刚侵入的组织变色较浅，很容易被忽视；重的脐部呈灰褐色水浸状，切开块茎，维管束圈变褐，用手压挤时有白色的黏液溢出，但皮肉不从维管束处分离（这是与环腐病的主要区别方法之一）。

严重时外皮龟裂，髓部溃烂如泥，有别于环腐病。有些块茎、芽眼被侵害，不能发芽，全部腐烂，见图 9-5。

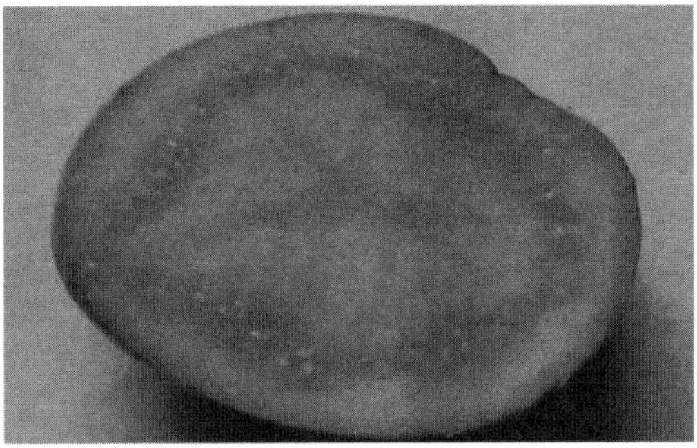

图 9-5　青枯病薯块

（2）传播途径和发病条件。病菌随病残组织在土壤中越冬，侵入块茎的病菌在储藏窖里越冬，无寄主可在土中腐生 14 个月至 6 年。病菌通过土壤、种薯、切刀、浇水或雨水传播，从茎部或根部伤口侵入。

青枯病最适宜的发病温度为 30℃，田间地温在 14℃以上，日平均气温在 20℃以上，植株即可发病。高温高湿，田间土壤含水量高，阴雨或大雨后转晴，气温急剧升高时发病重。最适宜 pH 值为 6.6，一般酸性土壤发病重。

（3）防治方法。

1）加强植物检疫。严禁到青枯病发生地区调种、引种，以免将病害引入。

2）利用脱毒薯。更换已感染的品种，结合种薯生产大量繁殖无病种薯，迅速扩大无病种薯面积。

3）避免切刀传病。整薯播种可避免切刀传病。如果种薯必须切块，除淘汰病薯外，切刀必须进行消毒。

4）深埋病株残体。严禁用有病的茎叶和烂薯沤制肥料，防止土壤被病菌污染传病。

5）轮作。实行与禾本科作物4年轮作，或实行水旱轮作。

6）农业防治。发现田间病株及时拔除并销毁病株，病株穴用生石灰消毒。

中后期尽量少中耕，以免伤根，给青枯病造成侵染途径。适当提前收获。后期浇水量要小，雨后注意排水。

3. 马铃薯黑胫病 马铃薯黑胫病在我国南至四川，北至黑龙江，西至青海等地均有发生。受害的植株茎基部变黑，故称黑胫病。

（1）发病症状。主要感染茎和块茎。从苗期到生长期均可感染。种薯感病重者腐烂成黏团状，不发芽，或刚发芽即烂在土中，不能出苗。幼苗感病生长缓慢，植株节间缩短，比健株矮小，分枝少，叶片褪绿发黄，复叶与茎的角度变小，小叶片向上卷曲，病重时植株茎基部变黑色，萎蔫而死。横切茎部可见三条主要维管束变为褐色。受害的植株因基部在土壤中腐烂，用手极易拔出。块茎感病，开始从脐部呈放射状向髓部扩展，病部黑褐色。横切块茎可见维管束呈黑褐色，用于挤压皮肉不分离。湿度大时，块茎变成黑褐色，腐烂发臭，有别于青枯病。从幼苗到成株常陆续发病，在土壤湿度大时发病植株较多（图9-6）。

（2）发病条件与传播途径。黑胫病菌生长最适宜温度为26℃，在23~27℃条件下，病害发展较快，15~25天即可致病，病菌活动最高温度为33℃，最低温度为4℃。种薯带病，病菌通过切块扩大传播，田间病菌还可以通过灌溉水、雨水或昆虫传播，经伤口侵入，自维管束进入块茎。储藏期间病菌通过伤口、皮孔侵入健薯（图9-7）。窖内通风不良或湿度大、温度高，有利于病情扩展。多雨或低洼田块块茎带病率高，发病重。

图 9-6　黑胫病茎

图 9-7　黑胫病薯块

（3）防治方法。

1）选择良种。选用无病种薯，建立无病薯留种田。

2）提倡整薯播种，杜绝切刀传播。如果切块播种，应严格把关，进行切刀消毒。

3）农业防治。发现病株，及时拔除，并细心挖除块茎，减少菌源，用生石灰消毒。

4）科学储藏。种薯入窖前要严格挑选，并加强储藏期管理，保持窖内干燥通风，防止温度过高，湿度过大。

5）药剂浸种。用 0.01%～0.05%溴硝丙二醇溶液浸种 15～20 分钟，或用 0.05%～0.1%春雷霉素溶液浸种 30 分钟，或用 0.2%高锰酸钾溶液浸种 20～30 分钟，取出晾干播种。

4. 马铃薯软腐病　软腐病是一种细菌性病害，在田间生长期和储藏期均可发生，不仅为害马铃薯块茎，而且为害茎叶。

（1）发病症状。叶片感病，靠近地面的老叶先发病，初期呈现暗绿色或暗褐色不规则病斑，湿度大时，很快腐烂。茎感病后，初期呈现褐色条斑，向茎干蔓延，随后茎内髓部组织腐烂，具有恶臭味，病茎上部枝叶萎蔫下垂，叶片变黄，植株倒伏腐烂。

（2）发病条件与传播途径。该细菌发育最适宜温度为25～30℃，适宜pH值为5.3～9.3，最适pH值为7.5，病原菌在病残体上或土壤中越冬，病原菌在土壤中可存活40个月。借雨水飞溅或昆虫传播蔓延。块茎发病从伤口或脐部开始，初期块茎出现水浸状褐色病斑，整个块茎很快呈软腐状腐烂，并有黏液流出，散发出恶臭味，黏液带有很多病菌。如接触健薯，容易感病。腐烂块茎干缩后，呈灰白色粉渣状。土壤湿度过大，温度过高，田间枝叶繁茂，通风不良，收获过晚，易造成田间发生软腐病。收获时或运输机械损伤块茎，入窖后堆积过厚，储藏室（窖）温度高、湿度大、通风不良等，均易发病。

（3）防治方法。

1）加强田间管理。注意田间通风透光，降低田间湿度。

2）发现病株及时拔除。拔除田间病株，并用石灰对拔除的病株处进行土壤消毒，减少田间初侵染和再侵染病源。

3）科学浇排。田间应小水勤浇，避免大水漫灌，雨后及时排除积水。

4）适时收获与储藏。春季应适当提前收获，免受高温及雨季影响。收获前7～10天停止浇水。收获和运输过程中，应防止机械损伤，储藏期应注意储藏场所要干燥通风。

5）科学催芽。秋季种薯催芽，沙床湿度切勿过大，以湿润稍偏干为宜。

6）轮作。在软腐病严重的地块实行4年以上的轮作调茬。

7）药剂防治。用50%琥胶肥酸铜可湿性粉剂500倍液，或12%绿乳铜乳油500倍水溶液，或14%络氨铜水剂300倍水溶液，进行茎叶喷雾。

（三）真菌性病害

1. 马铃薯晚疫病 马铃薯晚疫病是我国普遍发生的一种严

重的寄主性真菌病害。

（1）发病症状。晚疫病主要为害马铃薯的叶、茎和块茎。叶片感病，先是叶尖或叶缘呈水浸状绿褐色斑点，病斑周围有浅绿色晕圈，湿度大时病斑迅速扩大并呈褐色，在叶背面产生白霉，即孢子梗和孢子囊。干燥时病斑变褐干枯，质脆易裂，不见白霉，且扩展速度减慢。叶柄、茎部感病，呈褐色条斑。发病严重时叶片萎垂、卷缩、全株黑腐，全田一片枯焦，散发出腐败气味。块茎感病，呈褐色或紫褐色大块病斑，稍凹陷，病部皮下薯肉呈褐色，逐步向四周扩大或烂掉，见图 9-8 至图 9-10。

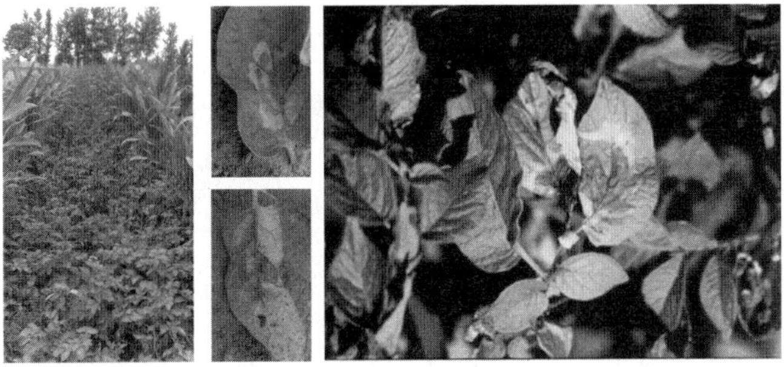

图 9-8　晚疫病叶部表现

图 9-9　晚疫病茎部表现

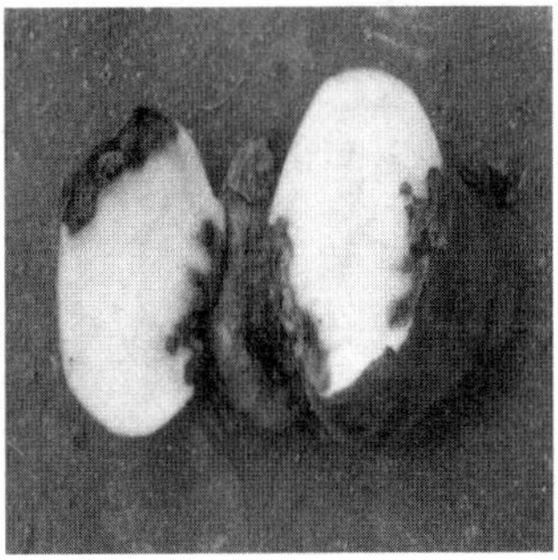

图 9-10　晚疫病薯块

（2）发病条件与传播途径。马铃薯开花阶段，只要白天处于22℃左右、相对湿度高于95%、夜间10～13℃、叶面上有水滴的条件下，晚疫病即可发生。发病后10～14天病害蔓延全田或引起大流行。马铃薯生长期间如遇阴雨连绵，空气潮湿，或温暖多雾，即有发生流行的可能。病菌以菌丝体在块茎中越冬。播种带菌块茎，导致不发芽或发芽出土后死亡，有的出苗后在温度、湿度适宜时，成为中心病株。病斑上的孢子借气流传播再侵染周围植株，形成发病中心，并迅速向外侵染蔓延，导致全田植株感病而枯死。病菌孢子落入土壤中侵染块茎。带病的种薯是马铃薯晚疫病翌年发生的主要病源。

（3）防治方法。

1）选用抗病品种。早熟品种抗晚疫病性能较差，而中晚熟品种抗晚疫病性能较强。适宜二季作区栽培的中晚熟品种必须具备结薯偏早的性能，较抗晚疫病的种薯有高原7号、克新2号等。

2）精选种薯，淘汰病薯。种薯入窖储藏、出窖、春化处理、切块、催芽等每个环节都要精选块茎，淘汰病薯，以切断病源。

3）加厚培土。防止病菌孢子散落于土壤后侵染块茎。地上茎叶发病枯死后，要及时将秧子割去，暴晒2~3天后收获。

4）农业防治。田间发现中心病株或发病中心后，应立即割去发病马铃薯秧子、轻轻地拿出田间进行深埋，并对中心病株或发病中心的周围进行喷药封闭，重点消灭，全面防治。

5）药剂防治。田间发病初期可喷洒85%瑞毒霉可湿性粉剂800~1 000倍液，或40%乙磷铝可湿性粉剂200倍液，或64%杀毒矾可湿性粉剂500倍液，69%安克锰锌可湿性粉剂800倍液，或72.2%普力克水剂500倍液，或53%金雷多米尔可湿性粉剂800倍液，或58%瑞毒霉锰锌500~600倍液，或80%大生可湿性粉剂400~800倍液，或72%克露可湿性粉剂600~800倍液，10天左右喷1次，连续防治2~3次。最好几种药交替施用，以免病菌产生抗性。

2. 马铃薯早疫病

（1）发病症状。早疫病主要发生在叶片上，也可侵染块茎。叶片被害，病斑黑褐色，圆形或近圆形，具有同心轮纹，大小 3~4 毫米；湿度大时，病斑上产生黑色霉层（即病原菌分生孢子梗及分生孢子），发病严重的叶片干枯脱落，全田枯黄。块茎感病，产生暗褐色稍凹陷圆形或近圆形斑，边缘皮下分别呈浅褐色海绵状干腐（图 9-11）。

图 9-11　早疫病

（2）发病条件与传播途径。

1）发病条件。分生孢子萌发适温 26~28℃，当叶面上结有露水或水滴，温度适宜时，分生孢子经 35~45 分钟即萌发，从叶面气孔或穿透表皮侵入，潜伏 2~3 天。瘠薄及肥力不足的地块发病重。

2）传播途径。该病以分生孢子或菌丝体在病残体或带病块茎上越冬。翌年种薯发芽时病菌开始侵染。病苗出土后，其上产生的分生孢子借风、雨传播，进行多次再侵染，使病害蔓延扩大。病菌易侵害老叶片，遇有小到中雨，或阴雨连绵，或相对湿度高于 70%，该病易发生和流行。

（3）防治方法。

1）农业防治。选择土壤肥沃的地块种植，增施有机肥，推行配方施肥，提高马铃薯抗病能力。

2）化学防治。发病前开始喷洒80%喷克可湿性粉剂600倍液，或80%新万生可湿性粉剂600倍液，或75%百菌清可湿性粉剂600倍液，或70%代森锰锌可湿性粉剂500倍液，或64%杀毒矾可湿性粉剂500倍液，或40%克菌丹可湿性粉剂400倍液，或77%可杀得可湿性粉剂500倍液。每7~10天喷洒1次，连续防治2~3次。

3. 马铃薯疮痂病 疮痂病是一种放线菌病害，在二季作区秋季发生比较普遍。秋季播种早、土壤碱性、施不腐熟的有机肥料、结薯初期土壤干旱高温等，发病较重（图9-12）。

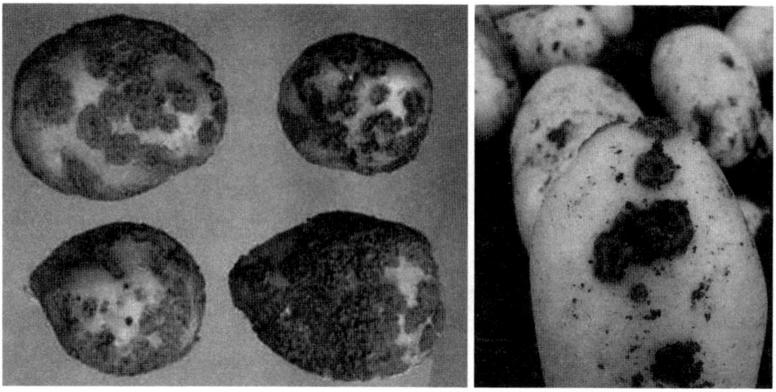

图9-12 疮痂病

（1）发病症状。主要侵染块茎。块茎感病后，块茎表面先产生褐色小点，扩大后形成圆形或不规则的较大褐色病斑，边缘隆起。病斑扩大合并，形成大病斑，病斑上往往出现白色、灰色或其他颜色的粉末，特别是刚收获的块茎最明显。感病块茎表皮粗糙木质化，呈干腐状。病斑一般较浅，仅限在块茎表皮，也有深达薯肉的，引起局部薯肉硬化。

马铃薯受害后，产量降低，品质差，不耐储藏，影响块茎的商品质量，严重的失去商品价值。

（2）发病条件与传播途径。

1）发病条件。病菌发育的最适宜气温为25~30℃，地温21~24℃。二季作区秋季发病与疮痂病孢子的最佳发芽温度有关。因为秋季马铃薯结薯初期正遇气温和地温偏高的时期，所以发病比春季重。土壤温度低、湿度大，酸性强对疮痂病有抑制作用。疮痂病发生最适宜的pH值为5.3，土壤pH值在5.2以下可抑制病菌发展，减轻为害程度。

2）传播途径。病菌在土壤中腐生，也能在储藏的病薯上越冬。主要靠病薯和土壤传播。块茎生长的早期，表皮木栓化之前，病菌从皮孔或伤口侵入后感病，当块茎表皮木栓化后，侵入则较困难。放线菌能在pH值为5.2~8.6的土壤内生存。

（3）防治方法。

1）轮作调茬，充分腐熟。

2）适期晚播。

3）科学浇水湿润，降低地温。

不要在碱性地块种植马铃薯；使用有机肥料；要秋季适当晚播，使马铃薯结薯初期避过高温。秋季马铃薯块茎膨大初期，小水勤浇，保持土壤湿润。

4）药剂防治。秋季用1.5~2千克硫黄粉撒施后犁地进行土壤消毒，播种开沟时每亩再用1.5千克硫黄粉沟施消毒。用对苯二酚（化学纯）100克兑水100千克，配成0.1%水溶液，播种前浸种30分钟，捞出晾干后播种。

（四）检疫病害

1. 马铃薯癌肿病

（1）发病症状。

1）被害块茎的芽眼和匍匐茎，由于病菌刺激细胞不断分裂，形成大小不一、形状不定、粗糙突起的肿瘤，状如花椰菜。

2）受害块茎表面常龟裂。癌瘤组织前期黄白色，露出土表部分变为绿色，后期变为黑褐色。

3）经长时间煮蒸不易变软，难以食用。

4）储藏期间病薯向健薯传播病菌，严重时病薯变黑，造成烂窖。

5）地上部受害，外观与健株差异不明显，但后期病株较健株高，保绿期限比健株长，分枝多，结浆果多。

6）重病株的茎、叶、花均可受害而形成癌肿病变或畸形。

（2）发病条件与传播途径。

1）发病条件。致病菌为内生集壶菌。病菌内寄生，不产生菌丝，营养菌体初为无胞壁裸露的原生质（变形体），后为具胞壁的单胞菌体。生殖生长阶段，单胞菌体转为休眠孢子囊堆。孢子囊堆近球形，内含 4~9 个孢子囊。孢子囊球形，锈褐色，萌发产生游动孢子。游动孢子单鞭毛，球形至洋梨形。部分游动孢子交配成合子。合子状如游动孢子，双鞭毛，二者均可侵染寄主。

2）传播途径。病菌以休眠孢子囊在病组织内或随病残体在土壤中越冬。休眠孢子囊抗逆性极强，可在土中存活 25~30 年，条件适宜时萌发产生游动孢子，从寄主表皮细胞侵入，以后产生孢子囊，并刺激寄主细胞分裂和增生。孢子囊萌发产生游动孢子或合子，进行重复侵染。病菌在低温高湿、气候冷凉、昼夜温差大、土壤湿度高、12~24℃温度条件下易于侵染。本病目前主要发生在四川省与云南省，而且疫区一般在海拔 2 000 米左右的冷凉山区。土质疏松、有机质丰富、偏酸性的地块易于发病。马铃薯品种间有抗性差异。

（3）防治方法。

1）严格实行检疫。严禁病区种薯向外调运。

2）选用抗病品种。品种间抗性差异大，可因地制宜选用抗病品种。

3）合理安排轮作。选择粮谷作物轮作，消除隔年生马铃薯。

重病地改种非茄科作物。

4）加强栽培管理。避开低洼易涝地；施用腐熟无病肥料，增施磷钾肥；销毁病残株体。

5）搞好药剂防治。用 15%粉锈宁，每亩 400~500 克进行防治，施用方法有：①药土盖种。播后以 1∶200 药土覆盖种薯。②药水灌窝。于马铃薯出苗 70%时，用 1 000 倍液灌根。③药水喷雾。于出苗 70%时和初蕾时，每亩用 1 500 倍液 60 千克各喷雾茎叶 1 次。

2. 马铃薯粉痂病

（1）发病症状。主要为害块茎及根部，有时茎也可染病。块茎染病，初在表皮上出现针头大的褐色小斑，外围有半透明的晕环，后小斑逐渐隆起、膨大，成为直径 3~5 毫米大小的“疱斑”，其表皮尚未破裂，为粉痂的“封闭疱”阶段。后随病情的发展，皮下组织呈橘红色，“疱斑”表皮破裂、反卷，散出大量深褐色粉状物（孢子囊球），“疱斑”下陷呈火山口状，外围有木栓质晕环，为粉痂的“开放疱”阶段。根部染病，于根的一侧长出豆粒大小单生或聚生的瘤状物。

（2）发病条件与传播途径。

1）发病条件。土壤相对湿度 90%左右，土温 18~20℃，土壤 pH 值为 4.7~5.4，适于病菌的发育，因而发病也重。一般雨量多、夏季较凉爽的年份易发病。本病发生的轻重主要取决于初侵染的时期及初侵染病原菌的数量，田间再侵染即使发生也不严重。

2）传播途径。病原为马铃薯粉痂菌，属鞭毛菌亚门真菌。病菌以休眠孢子囊球在种薯内或随病残物遗落土壤中越冬，病薯和病土成为翌年本病的初侵染源。病害的远距离传播靠种薯的调运；田间近距离的传播则靠病土、病肥、灌溉水等。休眠孢子囊在土中可存活 4~5 年，当条件适宜时，萌发产生游动孢子，游动孢子静止后成为变形体，从根毛、皮孔或伤口侵入寄主，变形体在寄主细胞内发育，分裂为多核的原生质团，到生长后期，原生质团又分化为单核的休眠孢子囊，并集结为海绵状的休眠孢子囊球，充满寄主细胞内。病组织崩解后，休眠孢子囊球又落入土中越冬或越夏。

（3）防治方法。

1）搞好检疫。严格执行检疫制度，对病区种薯严加封锁，禁止外调。

2）轮作。病区实行 5 年以上轮作。

3）种薯处理。选留无病种薯，把好收获、储藏、播种关，淘汰病薯，必要时可用 2%盐酸溶液或 40%福尔马林 200 倍液浸种 5 分钟；或用 40%福尔马林 200 倍液将种薯浸湿，再用塑料薄膜盖严闷 2 小时，晾干播种。

4）农业防治。增施基肥或磷、钾肥，施用石灰或草木灰，改变土壤的酸碱度。加强田间管理，提倡采用高畦栽培，避免大水漫灌，防止病菌传播蔓延。

第十章 马铃薯常见虫害防治方法

一、地下害虫

1. 地老虎（土蚕） 地老虎种类较多，为害马铃薯的主要是小地老虎。

（1）为害状。以幼虫在夜间活动为害。3 龄前幼虫食量小，为害叶片，严重时叶片的叶肉被食光，只剩下小叶柄和主脉。3 龄后钻入 3 厘米左右的表土中，为害根、茎。咬食（断）叶柄、枝条和主茎，造成缺株断垄。结薯期为害块茎，将块茎咬食成大小、深浅不等的虫孔，有时幼虫钻入块茎内为害，将块茎食空，造成严重减产或使块茎失去商品价值。

（2）生活习性。地老虎种类很多，分布广，为害严重，每年发生 3~4 代，成虫雌蛾产卵 300~1 000 粒，卵经 7~10 天孵化为幼虫。幼虫灰褐色，取食嫩叶后体色转变为灰绿色，3 龄后钻入土中变成灰色。幼虫体长 50 毫米左右，以 3~6 龄幼虫越冬，4 月中旬至 5 月上旬是幼虫为害盛期（图 10-1）。

（3）防治方法。

1）清除田间及周围杂草，减少地老虎雌蛾产卵的场所，减轻幼虫为害。

2）利用成虫趋光性，在田间安装黑光灯诱杀。

3）用红糖 6 份、白酒 1 份、醋 3 份、水 10 份、90%敌百虫

图 10-1　地老虎幼虫

1 份，调配均匀，做成诱液装入盆内，放在田间三脚架上，夜间诱杀成虫，白天将盆取回。每隔 2~3 天补加 1 次诱杀液。

4）用 0.38%苦参碱乳油 500 倍液，或 50%辛硫磷乳油 1 000 倍液，和炒熟的棉籽饼或菜籽饼拌匀，于傍晚撒在幼苗根的附近地面上诱杀。同时对金针虫、蛴螬等地下害虫均有防治效果。

5）用灰灰菜或青叶菜切碎，每 5 千克加敌百虫 100 克（用温水溶解开），搅拌均匀，傍晚撒入田间。

6）3 龄前幼虫未入土时，可用 200 倍敌百虫水溶液喷洒。幼虫 3 龄后入土，每亩可用 750 克敌百虫，先用温水溶解，配成母液，浇水时顺水冲入土壤内，进行防治。

2. 蛴螬（金龟子）

（1）为害状。蛴螬是金龟子的幼虫，在地下部咬食幼嫩的根、茎和块茎，有时会将块茎吃去一半，或食成穴状，见图 10-2。当 10 厘米处地温为 13~18℃时活动最盛，为害也最重。土壤湿度大或小雨连绵的天气为害严重。对未腐熟的厩肥有强烈的趋性。

（2）生活习性。金龟子 2 年完成 1 代，成虫、幼虫均在土中越冬。5~7 月成虫大量出现，黄昏活动，咬食叶片，交配产卵，每头雌金龟子可产卵100粒左右，卵产于疏松湿润的土壤中，经15~22天孵化成幼虫。幼虫期340~400天，冬季在土壤55~150厘米处越冬，蛹期约20天（图10-2）。

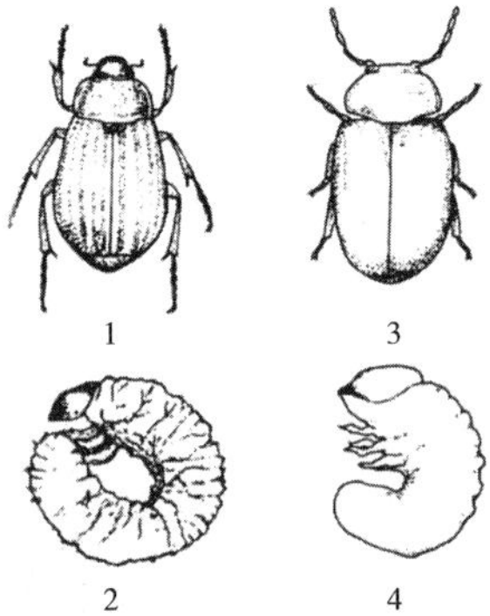

1.金龟子　2.蛴螬（金龟子幼虫）
3.豆象　4.蛴螬（豆象幼虫）

图10-2　蛴螬

（3）防治方法。

1）有机肥使用前要经过充分发酵，杀死幼虫及虫卵，减轻为害。施用未腐熟的农家肥，应拌敌百虫或辛硫磷等杀虫剂杀虫。

2）合理使用化肥，碳酸氢铵、腐殖酸铵、氨水、氨化过磷酸钙等化肥散出的氨气对蛴螬等地下虫有一定的驱避作用。

3）定植时每亩用地虫克星5千克施于种薯周围，定植后可选用50%辛硫磷乳油1 000倍液，或25%增效喹硫磷乳油1 000倍液，或40%乐果乳油1 000倍液，或90%敌百虫晶体1 000倍液灌杀。

3. 金针虫（叩头虫）

（1）为害状。金针虫是叩头虫的幼虫，常咬食马铃薯的根和幼苗，并在块茎形成后钻进块茎内取食，使块茎丧失商品价值。咬食块茎过程中还可以传播病害，或造成块茎腐烂。

（2）生活习性。金针虫的成虫是一种甲虫，各地均有分布，体细长，头部可上下活动并使之弹跳。幼虫细长，长20~30毫米，皮金黄色、坚硬、有光泽（图10-3）。3年完成1代，幼虫期最长。成虫在地下3~5厘米处产卵，每个雌虫可产卵100粒左右，经过30~40天孵化成幼虫。幼虫初期为白色，而后变黄，冬季在土壤深处越冬。3~4月开始上升活动，土温10~16℃时为害最甚，温度为21~26℃时又进入土壤深处。

图10-3　金针虫为害

（3）防治方法。参照蛴螬防治方法。

4. 蝼蛄　蝼蛄在盐碱地和沙壤土地为害最重。

（1）为害状。苗期咬食马铃薯幼根或嫩茎，常把嫩茎咬断，造成缺株断垄。结薯期为害块茎，造成孔洞，使马铃薯失去商品价值。

（2）生活习性。蝼蛄3~4月开始活动为害。成虫于4~5月在土深10~15厘米处产卵，每次可产卵120~160粒。卵经过25天孵化成若虫。成虫和若虫均在土壤中越冬，洞深可达1.5米。

蝼蛄昼伏夜出，以21~23时活动最盛，特别是在气温高、湿度大、闷热的夜晚，大量出土活动。早春或晚秋因天气凉爽，仅在表土层活动。蝼蛄有趋光性，并对香甜物质及马粪等有机肥具有强烈的趋性，喜欢潮湿的土壤。

（3）防治方法。

1）毒饵防治。参照地老虎防治方法。

2）每天 19~23 时在无作物的地块用黑光灯诱杀，在天气闷热的雨前夜晚效果更好。

3）药剂防治。参照蛴螬防治方法。

二、地上害虫

1. 蚜虫

（1）为害状。蚜虫也称腻虫，常群集在嫩叶的背面吸取汁液，严重时叶片卷曲皱缩变形，甚至干枯，严重影响顶部幼芽正常生长。花蕾和花芽是蚜虫密集的部位。桃蚜还可以传播病毒。

（2）生活习性。蚜虫是孤雌生殖，繁殖速度快，每年可发生 10~20 代。蚜虫靠有翅蚜迁飞扩散。有翅蚜一般在 4~5 月向马铃薯田迁飞或扩散。温度 25℃左右时生育繁殖最快，高于 30℃或低于 6℃时，蚜虫数量减少。暴雨大风和多雨季节不利于蚜虫繁殖和迁飞。桃蚜在秋末时飞回第一寄主桃树上产卵越冬。越冬卵到春季孵化后以有翅蚜迁飞到第二寄主为害。有时蚜虫的成虫或若虫在菜窖、温室、阳畦内越冬。桃蚜对黄色、橙色有强烈的趋性，而对银灰色有负趋性。

（3）防治方法。

1）化学防治。用 10%吡虫啉可湿性粉剂 2 000 倍液，或 40%乐果乳剂 1 000 倍液，或 50%抗蚜威 2 000 倍液，或 20%速灭杀丁 2 000 倍液，或 52. 5%农地乐 1 000~1 500 倍液，或 25%避蚜雾 1 000~1 500 倍液喷雾防治。灭蚜药剂较多，可根据情况选择轮换使用，以免蚜虫产生抗性，影响防治效果。由于蚜虫繁殖快，蔓延迅速，必须及时防治。蚜虫多在心叶、叶背处为害，药剂难以全面喷到，所以在喷药时要周到细致。

2）农业防治。生产种薯，为了防止蚜虫传毒，在二季作区，春季应在蚜虫迁飞前收获，避开蚜虫为害。另外，出苗后，要求每周喷灭蚜药剂 1 次。

2. 二十八星瓢虫 二十八星瓢虫的成虫、幼虫都可为害马铃薯、茄子、青椒、豆类、瓜类等蔬菜。秋季为害马铃薯较重。

（1）为害状。成虫和幼虫均可为害马铃薯，但幼虫为害更严重。幼虫专食叶肉，被食后的叶片只留有网状叶脉，叶子很快枯黄，造成严重减产。

（2）生活习性。二十八星瓢虫每年可繁殖 2~3 代，成虫为红褐色带 28 个黑点的半圆形甲虫。成虫取食或产卵均在白天，10~14 时活动为害最盛。产卵积聚成块，每块卵有 20~30 粒，每个雌虫可产卵 300~400 粒，多产在叶片背面。初孵化的幼虫群集于叶的背面为害，2 龄后分散到其他叶片为害。幼虫为黄色或黄褐色，身上有黑色刺毛，躯体扁椭圆形，行动迅速。

（3）防治方法。

1）诱杀。利用成虫的假死习性，在成虫盛发期，每天早、晚用盛有水的脸盆接着，然后轻敲植株，成虫便落入盆内水中，可收集杀死成虫。

2）摘卵。成虫产卵集中，颜色鲜艳，极易被发现摘除。

3）化学防治。用 2. 5%溴氰菊酯乳油 2 500 倍液，或 40%菊杀乳油 2 500 倍液，或 2. 5%功夫乳油 3 000 倍液，或 40%菊马乳油 2 500 倍液进行喷洒。发现成虫活动时即可喷药，每 10 天左右喷药 1 次，一般喷 3 次即可完全控制为害。卵和刚孵化的幼虫都在植株下部叶片的背面，喷药时一定要喷到叶背面，以把隐蔽的幼虫及卵全部杀死。

3. 茶黄螨 茶黄螨为害马铃薯、黄瓜、茄子、番茄、青椒、豆类等多种蔬菜。由于螨体极小，肉眼难以观察识别，常被误认为是生理病害或病毒病害。

（1）为害状。对马铃薯的嫩茎叶为害较重。特别是在中原地区二季作区秋季发生比较严重。发生为害时间在9月下旬至10月上旬。成螨和幼螨集中在幼嫩的茎和叶背刺吸汁液，造成植株叶片畸形。受害叶片背面呈黄褐色，有油质状光泽或呈油浸状，叶片边缘向叶背卷曲。嫩叶受害叶片变小变窄。嫩茎变成黄褐色，扭曲畸形。严重者植株呈油褐色枯死。

（2）生活习性。成虫活泼，尤其是雄虫，当取食部位变老时，立即向新的幼嫩部位转移，并有搬运雌螨至植株幼嫩部位的习性。卵和幼螨对湿度要求较高，只有在相对湿度80%以上时才能发育。因此，温暖多湿的环境有利于茶黄螨的发生。

（3）防治方法。

1）农业防治。许多杂草是茶黄螨的寄主，应及时清除田间、地边、地头杂草，消灭寄主植物，杜绝虫源。马铃薯种植地块，不要与菜豆、茄子、青椒等蔬菜邻近，以免传播。

2）化学防治。用75%克螨特乳油1 500~2 000倍液，或20%复方浏阳霉素1 000倍液，或40%环丙螨醇可湿性粉剂1 500~2 000倍液，或25%灭螨猛可湿性粉剂1 000~1 500倍液，或杀螨脒水剂500~1 000倍液等进行喷洒。茶黄螨生活周期较短，繁殖力特强，应特别注意早期防治。

4. 块茎蛾 块茎蛾为植物检疫对象，种植马铃薯和烟草的地区，两种作物可互为寄主，为害比较严重，在我国云南、贵州、四川等省发现较早，后来在湖南、湖北、安徽、陕西、甘肃等地也发现了块茎蛾。

（1）为害状。块茎蛾以幼虫为害马铃薯的叶片和块茎。在为害叶片时，幼虫潜入叶的内部（大部分从叶脉附近钻入叶内），因虫体很小，进入叶内专食叶肉，仅留下叶片的上下表皮和粗叶脉，叶片呈透明状，幼虫为害块茎时，从块茎的芽眼附近打洞钻入块茎内，粪便排在洞外。在块茎储藏期间为害最重。幼虫钻入块茎后逐渐咬食成隧道，不仅严重影响食用品质，而且常造成块茎腐烂。受害轻的产量损失 10%～20%，重的可达 70%左右。

（2）生活习性。块茎蛾属麦蛾科，为银灰色小蛾，体长 5～6 毫米，成虫寿命 20 天左右，雌蛾可产卵 80～250 粒，卵产于叶脉处和茎基，在块茎上多产于芽眼、破皮、裂缝处。卵经 6 天左右孵化成幼虫，幼虫期 7～11 天。幼虫四处飘散，吐丝下垂，随风飘落在附近的植株叶片上潜入叶内为害，在块茎上的幼虫则从芽眼蛀入。

幼虫为白色或浅黄色，老熟时为粉红色，头部为棕褐色。幼虫共 4 龄，末龄幼虫体长 6～13 毫米。老龄幼虫吐丝作茧化蛹，经 7～8 天变成蛾子。夏季 30 天左右发生 1 代，冬季 50 天左右发生 1 代，一年可繁殖 5～6 代。

（3）防治方法。

1）检疫。块茎蛾是检疫对象，严禁到发生地区调种，防止虫害扩大传播。

2）化学防治。在成虫盛发期，可茎叶喷洒 10%赛波凯乳油 2 000 倍液。

3）农业防治。①在田间切勿让块茎露出地面，以免被成虫产卵于块茎上。②集中焚烧田间的植株茎叶和杂草，防止潜入的害虫继续存活。③马铃薯收获后，块茎应随即运回。不能在田间过夜，因为成虫在夜间或早晨活动产卵，会使块茎大量受害。④块茎入窖后立即用 90%敌百虫晶体 1 000 倍液，或 80%敌敌畏乳油 1 000 倍液喷洒薯堆。入窖后薯堆普遍盖 3 厘米厚沙或在薯堆上用麻袋盖严，严防成虫产卵于块茎上。

5. 蓟马 蓟马的体型很小，只有 1～2 毫米。

（1）为害状。该虫一般在叶片的背面，吸食叶片内汁液，造成细胞坏死，使叶面上产生许多银白色的凹陷斑点，为害严重时可使叶片干枯，破坏叶片的光合作用，降低植株生长势，甚至引起植株枯萎，影响产量。

（2）生活习性。露地一年发生 10 多代，在温室可常年发生。以成虫在枯枝落叶下越冬。翌年 3 月初开始为害。成虫、若虫隐匿于花中，受惊时，成虫振翅飞逃。雌虫产卵于花瓣或花蕊的表皮下，有时半埋在表皮下。成虫、若虫主要在植物的幼嫩部位，用口器锉碎叶片及嫩茎表面吸取汁液。食性很杂，高温干旱利于雌虫大发生，多雨季节发生少。风可将蓟马吹入异地。

（3）防治方法。

1）农业防治。马铃薯生产田应及时浇水，可有效减少蓟马的数量，减轻为害。

2）化学防治。用 90% 敌百虫晶体 800～1 000 倍液，或 0.3% 印楝素乳油 800 倍液，或 20% 氰戊菊酯乳油 3 300～5 000 倍液，或 10% 氯氰菊酯乳油 1 500～4 000 倍液进行叶片正反两面喷施。

6. 潜叶蝇　潜叶蝇能为害许多作物。特别是大量使用杀虫剂使潜叶蝇的天敌遭到毁灭的地区为害最重。

（1）为害状。潜叶蝇体型很小，为害马铃薯的主要是幼虫，其在叶片内钻出很多可见的虫道，破坏大量叶片组织，严重时导致植株死亡，造成大幅度减产。

（2）生活习性。成虫以产卵器刺伤叶片，吸食汁液，雌虫把卵产在部分伤孔表皮下，卵经 2～5 天孵化，幼虫期 4～7 天，末龄幼虫咬破叶表皮在叶外或土表下化蛹，蛹经 7～14 天羽化为成虫，每世代夏季 14～28 天，冬季 40～60 天。世代短，繁殖能力强，周年发生。

（3）防治方法。①科学用药，保护天敌，可大大减少潜叶蝇的为害。②用黏性的黄色诱捕纸板等物诱杀，在开花期进行。

③用20%斑潜净乳剂1 000~2 000倍液，在清晨或傍晚喷施。施药间隔5~7天，根据虫害严重程度，可连续用药3~5次，以消灭潜叶蝇的为害。用1.8%爱福丁乳剂1 000倍液，或22%除虫净乳油800~1 000倍液落叶喷洒，药剂交替使用，效果更好。

第十一章　马铃薯草害防治

马铃薯对许多除草剂非常敏感，药物喷到叶面上会产生反应，轻者叶脉变形，叶片皱缩，重者叶片枯死。所以，大部分除草剂宜在播种后出苗前施用，少数除草剂可在出苗后施用。

一、苗前用药（土壤处理）

（一）防除禾本科杂草

1. 氟乐灵

（1）特性。氟乐灵为选择性内吸传导型土壤处理剂。播后苗前用药，每亩用48%氟乐灵乳油 100～125 毫升，兑水 40～50 千克，均匀喷雾于土表。对一年生禾本科杂草如马唐、牛筋草、狗尾草、旱稗、千金子、早熟禾等防除效果优异，并对马齿苋、藜、反枝苋、婆婆纳等小粒种子的阔叶杂草也有较好的防效。

（2）特别提示。

1）准确掌握用药量，力求喷洒均匀。

2）整地要细，若整地不细，土块中杂草种子接触不到药剂，遇雨土块散开仍能出草。

3）氟乐灵易光解失效，施药后应立即拌土，把药混入土中，一般要求喷药后 8 小时内拌土结束。

4）氟乐灵施入土壤后残效期较长，因此下茬不宜种植高粱、水稻等敏感作物。

2. 施田补

施田补又名二甲戊灵、除芽通、除草通、胺硝草、杀草通、菜草通等。

（1）特性。施田补为选择性内吸传导型土壤处理剂，播后苗前用药，每亩用33%施田补乳油150~200毫升，兑水40~50千克均匀喷雾土表，可以有效地防除一年生禾本科杂草及部分阔叶杂草如稗草、马唐、狗尾草、早熟禾、看麦娘、马齿苋、藜、蓼等。

（2）特别提示。

1）如遇干旱，应混土3~5厘米，以提高防除效果。

2）避免种薯与药剂直接接触。

3）施田补防除禾本科杂草效果比阔叶杂草好，因此在阔叶杂草较多的田块，可考虑同其他除草剂混用。

3. 敌草胺和大惠利

（1）特性。敌草胺和大惠利为选择性内吸传导型土壤处理剂，在播后苗前或移栽前及杂草萌发出土前施药，每亩用20%敌草胺乳油200~300克或50%大惠利可湿性粉剂100~150克，兑水40~50千克均匀喷雾地表。对一年生禾本科杂草如旱稗、马唐、牛筋草、千金子、狗尾草、早熟禾等有较好的防除效果，对马齿苋、藜、繁缕、蓼等阔叶杂草也有一定的效果。

（2）特别提示。

1）敌草胺在土壤湿润条件下，除草效果好，如土壤干旱应先浇水后施药，以提高防效。

2）敌草胺对已出土的杂草效果差，宜早施药，使用前应清除已出土的杂草。

4. 地乐胺　地乐胺为选择性芽前土壤处理剂，应在播后苗前或移栽前及杂草出苗前用药，每亩用48%地乐胺乳油150~200毫升，兑水60千克均匀喷雾地表，能有效防除稗草、牛筋草、马唐、狗尾草、苋、藜、马齿苋等一年生禾本科杂草及部分阔叶杂草。

（二）防治阔叶杂草

以阔叶杂草为主田宜选用赛克津，赛克津为选择性内吸传导型土壤处理剂。播后苗前用药，每亩用70%赛克津可湿性粉剂25~65克，兑水40~50千克均匀喷雾土表，能防除多种阔叶杂草和某些禾本科杂草，如藜、蓼、马齿苋、苦荬菜、繁缕、苍耳、稗草、狗尾草等。使用时应注意施药后遇有较大降水或大水漫灌时，易产生药害。

（三）禾本科杂草和阔叶杂草混生田

1. 绿麦隆

（1）特性。绿麦隆为选择性内吸传导型土壤处理剂，在播后苗前及杂草芽前或萌芽出土早期用药，每亩用25%绿麦隆可湿性粉剂250~300克，兑水40~50千克均匀喷雾于土表，能有效地防除看麦娘、繁缕、早熟禾、狗尾草、马唐、稗草、苋、藜、卷耳、婆婆纳等多种禾本科及阔叶杂草，但对猪殃殃、大巢菜、苦荬菜、田旋花效果差。

（2）特别提示。

1）土壤湿润，有利于药效发挥。

2）在土壤中残留时间长，分解慢，后茬不宜种植敏感作物，以免引起药害。

3）绿麦隆水溶性差，使用时应先将可湿性粉剂加少量水搅拌，然后加水进行稀释。

2. 果尔

（1）特性。果尔为选择性触杀型土壤处理兼有苗后茎叶处理作用的除草剂，播后苗前用药。每亩用24%果尔乳油40~50毫升，兑水60千克均匀喷雾土表，可防除稗草、千金子、牛筋草、狗尾草、硬草、看麦娘、棒头草、早熟禾、马齿苋、铁苋菜、苋、藜、婆婆纳、鳢肠、蓼等多种一年生杂草，但对多年生杂草效果差。

（2）特别提示。

1）初次使用时，应根据不同气候带，进行小规模试验，找出适合当地使用的最佳施药方法和最适剂量后，再大面积使用。

2）果尔为触杀型除草剂，喷药要均匀周到，喷药后不要破坏药膜层，施药剂量要准。

3. 利谷隆

（1）特性。利谷隆为选择性芽前、芽后除草剂，具有内吸和触杀作用，播后苗前及杂草出土前至3~4叶期用药，每亩用50%利谷隆可湿性粉剂100~125克，兑水40~50千克均匀喷雾土表，可防除多种阔叶杂草和禾本科杂草，如狗尾草、牛筋草、马唐、稗草、苋、藜、苍耳、铁苋菜、马齿苋、苘麻、猪殃殃、蓼等。

（2）特别提示。

1）土壤有机质含量低于1%或高于5%时不宜使用本剂。

2）沙质土壤或雨水多时不宜使用。

4. 伏草隆

（1）特性。伏草隆为选择性内吸传导型土壤处理剂，播后苗前或移栽前，在杂草出苗前至1.5叶期前用药，每亩用50%伏草隆可湿性粉剂100~200克（沙土用低量、黏土用高量），兑水40~50千克均匀喷雾土表，可防除一年生禾本科杂草和阔叶杂草，如马唐、稗草、牛筋草、狗尾草、早熟禾、苋、藜、繁缕等。

（2）特别提示。施药后配合灌水可提高药效。

5. 乙草胺

乙草胺为内吸性除草剂，是选择性芽前除草剂。可有效防除一年生禾本科杂草，还可防除若干小粒种子萌发的阔叶杂草。对稗草、狗尾草、马唐、牛筋草、看麦娘、硬草、碎米莎草有特效，对鸭跖草、苋、藜、龙葵、菟丝子等杂草有一定防效。每亩用90%乙草胺100~130毫升或50%乙草胺130~200毫升，兑水30~40千克，喷于垄上和垄沟。

6. 都尔 为选择性除草剂，播后苗前使用，可防除稗、马唐、狗尾草、画眉草等一年生杂草及马齿苋、苋、藜等阔叶性杂草。每亩用72%都尔120~130毫升，兑水30~40千克，喷于垄上和垄沟。

7. 拉索（甲草胺） 播后苗前，可有效地防除大多数一年生禾本科杂草和某些双子叶杂草。每亩用48%拉索乳油150~200毫升，兑水40~50千克，喷于垄上和垄沟。

二、苗后用药（田间处理）

1. 高效盖草能 为选择性内吸传导型茎叶处理剂，在生长旺盛期，每亩用10.8%高效盖草能乳油40~50毫升，兑水40~60千克均匀喷雾杂草茎叶，可有效防除稗草、千金子、马唐、狗尾草、看麦娘、硬草、棒头草、狗牙根等禾本科杂草，但对阔叶杂草和莎草科杂草无效。

2. 精稳杀得 为选择性内吸传导型茎叶处理剂，于一年生禾本科杂草2~5叶期使用，每亩用15%精稳杀得乳油30~60毫升，兑水40~50千克均匀喷雾杂草茎叶，能有效防除看麦娘、硬草、千金子、马唐、牛筋草、狗尾草、棒头草等禾本科杂草，同样对阔叶杂草和莎草科杂草无效。

3. 禾草克 为选择性内吸传导型茎叶处理剂，于一年生禾本科杂草2~5叶期使用，每亩用10%禾草克乳油60~80毫升，兑水40~50千克，均匀喷雾杂草茎叶。以多年生禾本科杂草为主的地块，在生长旺盛期，每亩可用10%禾草克乳油150~250毫升，兑水40~60千克均匀喷雾杂草茎叶。能防除稗草、千金子、马唐、狗尾草、牛筋草、看麦娘、硬草、早熟禾、棒头草、狗牙根等。

4. 拿捕净 为选择性内吸传导型茎叶处理除草剂，禾本科杂草2叶至2个分蘖期用药，每亩用20%拿捕净乳油60~180毫升，兑水40~50千克，均匀喷雾杂草茎叶。能有效防除一年生禾本科杂草如旱稗、狗尾草、马唐、牛筋草、看麦娘等，适当提高用量也可防除狗牙根等多年生禾本科杂草。

5. 威霸（噁唑禾草灵） 为选择性芽后传导型除草剂，防除一年生禾本科杂草如看麦娘、稗草、千金子、狗尾草、牛筋草等。于杂草2叶期至分蘖期前用药，每亩用6.9%威霸乳油30~45毫升，兑水40~50千克，均匀喷雾杂草茎叶。防除狗牙根等多年生禾本科杂草可于生长旺盛期用药，每亩用6.9%威霸乳油40~100毫升，兑水50千克，均匀喷雾杂草茎叶。

特别提示：

（1）喷雾要均匀周到，保证药效充分发挥。

（2）切勿喷到邻近水稻、麦子、玉米等禾本科作物上，以免产生药害。

6. 马铃薯专用除草剂杜邦宝成 每亩用杜邦宝成25%干悬浮剂5~7.5克，兑水30~40千克，在马铃薯出苗后的杂草2~4叶期，进行田间茎叶喷雾施药，可有效防除一年生禾本科杂草及阔叶杂草，对马铃薯安全无残留。

第十二章　不良环境与营养造成的病害

一、低温冷害

植株上部首先受冻。受冻的叶片变褐，潮湿时变黑。早春在同一地块的洼地，通常是低的部位，可能是唯一受冻害的，尽管产量可能下降，但植株通常能恢复过来。低温过后叶原基可能受到伤害，但不是真正的受冻组织，叶原基受到冻害后，叶片的形态可能会变得卷曲，有黄色的斑块或局部病斑，或者有一些小空洞。

受冻的块茎解冻后软化成海绵状，有液体从受伤处和芽眼处渗出。块茎受冻初期，横切块茎呈粉红色，后期横切块茎呈黑色并腐烂。受冻块茎干燥后坚硬白垩化（冬季）。

受低温伤害的块茎不能留作种用。春季早熟栽培注意防晚霜，秋季培土适当加厚以防霜冻，保护块茎。冬季储藏以1~4℃为宜，注意防冻。

二、化学物质伤害

施用化肥、农药、激素等不当，会伤害种薯，引起腐烂，限制根系生长，烧伤叶片等。

1. 除草剂 常引起马铃薯植株变形矮化，叶片卷曲、失绿坏死。新生的块茎因内部或外部的坏死组织而变形。块茎可能因前茬使用除草剂而受影响，有时因邻近作物使用了除草剂而受害。症状与除草剂种类有关。

2. 前茬作物喷施多效唑 马铃薯出苗后，生长受到抑制，植株严重矮化，茎节间缩短。

3. 杀虫剂和杀菌剂使用不当 农药使用浓度过大，常会伤害植株的叶片，使叶片边缘可能发生焦枯。

前茬作物防治地下虫使用呋喃丹后，马铃薯受到严重药害，出苗后生长缓慢，根系不伸展，矮化。

三、空气污染

在完全毁灭整个叶片以前，二氧化硫引起失绿症，主脉间叶片漂白或发焦。光化学氧化物空气污染引起马铃薯早熟和植株早衰，从底部叶片开始发黄和早死，症状类似于衰老和营养不良。

空气污染可能出现在离污染源很远的地方，而且通常很难确诊。

四、水肥过剩

水肥条件过于充足，块茎过快地膨大生长，常引起大块茎内部空心，虽很少发病腐烂，但商品价值低。

五、温度不适

块茎中央发黑，是由于储藏期间的低温或田间的高温所造成的。发病的块茎随后腐烂。内部灼伤坏死，是田间一种不太严重的高温损害，受害的细胞变成铁锈色，特别是在大的块茎中央，内部灼伤坏死。在沙土田块、块茎暴露在太阳光下、茎叶早死和收获期推迟等情况下，严重发生。

六、氮、磷、钾三要素对马铃薯生长发育的影响

马铃薯生长发育，需要大量的氮、磷、钾等营养元素。马铃薯对钾的需求量最多，氮次之，磷较少，三者的比例为4∶2∶1。

1. 氮　氮肥充足，茎叶繁茂，叶色浓绿，光合作用旺盛，有机物积累多，对提高块茎产量和蛋白质含量起主要作用。氮肥过多，茎叶徒长，延迟成熟，块茎产量低，品质差。

氮肥不足，植株矮化，细弱，叶片小，呈淡绿色，植株下部叶片早枯，光合作用减弱，产量下降。

2. 磷　磷肥虽然需要量较少，但磷对马铃薯的生长发育与增产作用却很显著。磷肥充足时，早期可以促进根系发育，后期有利于淀粉合成和积累，对块茎的膨大起着重要作用。

马铃薯对磷肥的吸收比较均衡。早期磷肥影响根系的发育和幼苗生长，开花期缺磷，叶片皱缩，呈深绿色，严重时基部呈淡紫色，叶柄上竖，叶片变小。结薯期缺磷不但影响块茎养分积累及膨大，而且可导致块茎空心、薯肉有锈斑、硬化煮不熟等现象发生，严重影响食用品质。

3. 钾　钾肥充足，植株生长健壮，茎坚实，叶片增厚，植株抗病能力增强，对促进茎叶的光合作用和块茎膨大有重要作用。

钾肥不足，叶缩小，呈暗绿色，后期呈古铜色，并有褐色枯死的叶缘，块茎多为长形或纺锤形，蒸熟后薯肉呈灰黑色。

七、马铃薯生长发育中缺少微量元素表现出的症状

马铃薯生长发育还需要一些微量元素，如果缺乏这些元素，则表现不同的症状。

1. 锰　缺锰时茎梢和叶脉间组织呈淡绿色或黄色，并出现许多褐色小斑块，中上部叶片尤为明显。

2. 硼　缺硼时顶部幼嫩，叶片色泽较淡，叶基部特别明显，

顶梢死亡或呈弯曲状生长。节间短，植株丛生状。叶片组织变厚，叶柄脆，叶尖及叶缘死亡，下部小叶明显。块茎变小，皮层出现裂缝。

3. 锌 缺锌时植株生长受阻，幼嫩的叶片上卷，与早期病毒病症状相似。缺锌初期，在植株和叶片上有灰棕色或古铜色的不规则斑点，最后斑点下陷，组织死亡。节间变短，叶片小而厚，严重时影响全株，植株早期死亡。呈垂直形，叶缘向上卷。

4. 镁 缺镁时下部叶片色较浅，先从茎基部叶的叶尖和边缘出现缺绿现象，逐渐沿叶脉扩展，叶脉间组织呈褐色死斑，有时叶脉间组织隆起，加厚变脆。

5. 钙 缺钙时顶部幼嫩，小叶边缘发生绿色条纹，组织死亡，小叶扭曲，有的顶部嫩叶不展开，顶梢死亡。块茎髓部出现死斑，靠近脐部维管束变成褐色，并逐渐扩散。

6. 铁 缺铁时最初嫩叶发生轻度的缺绿现象，叶脉仍保持绿色，叶尖及叶缘保持绿色较久，叶组织逐渐变成灰黄色，严重时变成白色，但坏死点不明显。

7. 铜 缺铜时嫩叶失去膨胀力，呈永久性凋萎状。花芽形成时，顶芽下垂。小叶片尖端出现干枯现象。

八、脱毒种薯的退化原因与防除

脱毒的马铃薯只是把病毒脱去，并不能使马铃薯对病毒产生抗性或免疫作用。脱毒的马铃薯如不采取保护措施，很快又会被病毒感染，仍然发生病毒性退化。因而从试管苗移栽，生产脱毒种薯开始，必须采取严格的保护措施，防止种薯在刚繁殖时感染病毒。国内外在生产脱毒薯过程的初期都是种植在隔离条件好的地方，严防任何虫害传播病毒。我国繁殖脱毒薯原种和一级原种，多在网棚覆盖等条件下进行，见图 12-1。种薯量大时，选择气候冷凉、蚜虫极少的地方进行扩大繁殖。一般至少经过 2~3

年后才能把脱毒的种薯供给农民种植。尽管此时或多或少已有些种薯轻微感染病毒，但基本上是健康的，仍能增产。农民种植后，马铃薯被病毒侵染的机会增多，又逐渐发生病毒性退化。特别是在二季作区的城市附近，茄子、番茄、辣椒、黄瓜等蔬菜的病毒均可侵染马铃薯；有翅蚜在春夏之交大量迁飞，传毒非常普遍。所以，二季作区马铃薯病毒性退化严重。脱毒种薯如不因地制宜采取保种措施，种植 1~2 年就会因严重感染病毒而退化。利用脱毒薯需要经常更换，才能高产稳产。否则，种薯被病毒侵染后不仅产量低，而且还会造成恶性循环。总之，脱毒薯在种植过程中仍会被病毒侵染，逐渐退化减产。

应用脱毒薯不是一劳永逸的，只有及早更换种薯，才能保证马铃薯生产获得高产稳产。

图 12-1　网棚繁殖脱毒薯原种

第十三章　马铃薯收获和储藏

一、确定收获期

根据生长情况、块茎用途与市场需求及时采收。马铃薯与小麦、玉米等作物不同，不需要等到完全生理成熟才能收获。马铃薯的收获期有很大的伸缩性，只要块茎生长到一定程度，随时都可收获。

1. 根据市场确定　对一般的商品薯来说，马铃薯成熟期的产量虽高，但产值不一定最高。市场的规律是以少为贵，早收获的马铃薯往往价格较高；就同一个品种来说，晚收获的产量高，一般马铃薯块茎膨大期，每天每亩增加产量 40～50 千克。因此，收获时期根据市场的价格，衡量早收获 10 天的产值，是否高于晚收获 10 天产量增加的产值，以确定效益最高的收获期。

2. 根据用途确定　加工对马铃薯品种成熟度的要求较高，就同一品种比较，马铃薯生理成熟时的产量最高、干物质含量最高、还原糖含量最低，加工企业要求原料薯块茎正常生理成熟才能收获。马铃薯生理成熟的标志是叶色由绿转为黄绿色；植株的根系衰败，植株很容易从土中拔出；块茎容易与相连的匍匐茎脱离；块茎大小、色泽正常，表皮木栓化，表皮不易脱落。

3. 根据天气确定　在许多马铃薯主产区，雨季多集中在 7～8 月，一旦晚疫病发生、流行，很难防治。因此，可根据天气预报，进行早杀秧，虽然对产量有一些影响，但却降低了块茎感染晚疫病和腐烂的概率，实际上起到了稳产、保质的作用。

中原二季作区的春马铃薯，在6月中旬高温和雨季来临之前必须收获，以保证商品薯的质量和耐储性。许多地区的种薯生产，根据有翅蚜的迁飞测报，也需要及时早收。

二、收获前促使薯皮木栓化

块茎薯皮木栓化是安全储藏的必要条件。如薯皮幼嫩，容易破皮或受伤，病菌易于侵入，入窖后，一旦湿度大，则引起腐烂并蔓延。收获前进行压秧、灭秧，促使薯皮木栓化，但灭秧的时间应根据栽培目的确定，种薯生产，可在马铃薯植株尚未枯黄时进行灭秧，这样可控制块茎不过大。商品薯生产，特别是为加工油炸薯片、加工淀粉生产的原料薯，则需要植株完全成熟时灭秧。

1. 压秧　收获前10~15天，用机引或牲畜牵引的木辊子将马铃薯植株压倒在地，植株则停止生长，植株中的养分尽快转入块茎，并可促使薯皮木栓化。

2. 灭秧　收获前10天，用灭生性除草剂如克无踪等，喷洒植株灭秧，地下块茎则停止生长，促进薯皮木栓化。

3. 适当晚收　当薯秧被酷霜打死后，不要立即收获，根据天气情况，延长10天左右，薯皮木栓化后再收获。

4. 特别提示　用于早熟栽培做菜用或食用，不进行长期储存的马铃薯，不需要进行上述处理。

三、收获方法

马铃薯的收获方法因种植规模、机械化水平、土地状况和经济条件而不同。不管用人工收获还是机械收获，收获的顺序一般为除秧、挖掘、捡薯装袋、运输、预储等过程。

1. 适时收获

（1）春薯。中原地区二季作区春季露地马铃薯收刨在6~7月，天气炎热，因此，一天中应在10时以前、15时以后收获为宜。随刨收随运输，严防块茎在田间阳光下暴晒，以免灼伤块茎，造成储藏期烂薯。中午运输不完，块茎在田间应堆积成较大的堆，用秧子盖严盖厚，严防暴晒。大面积收获应先割秧子，然后用犁冲垄，将块茎翻出地面，进行捡拾。为防止冲垄时埋住块茎，应隔行进行犁收，犁面应固定，使土和块茎向两边翻，收完后用耙再耙一遍进行复收。小面积收获可以进行人工刨收。刨收的块茎因表皮幼嫩，捡拾时应放入篓内或筐内，然后再运输，不要装入塑料编织袋内，以免相互摩擦碰破表皮。

（2）秋薯。各地应因地制宜地在下霜以后适时收获，以防冻害。

2. 收获要彻底　避免大量块茎遗留在土壤中，当用机械或畜力收获后，应复收复捡。收获、捡拾、装篓、装卸、运输、入窖要小心，不要碰破薯皮，以利储藏。块茎在装篓或入窖储藏前应将病薯、碰伤薯、裂薯、虫孔薯、畸形薯、混杂薯、露头青薯、暴晒过的薯捡出，不能入窖储藏。尤其是受伤薯在高温时期，3天内会全部坏掉，必须全部捡出。

入窖储藏的块茎应将不同品种及种薯、商品薯（食用薯）分开储藏，严防混杂。

3. 分开收获

（1）应先收种薯，后收商品薯。不同品种、不同级别的种薯，不同品种的商品薯都要分别收获，分别运输，单存单放，严防混杂。收刨出的块茎避免暴晒、雨淋、霜冻和长时间暴露在阳光下。种薯质量应符合“GB 18133 马铃薯脱毒种薯”和“GB 4406 种薯”标准。商品薯应符合“NY 5024 无公害食品马铃薯”的要求。

（2）先收劣后收好。鲜食用的商品薯或加工用的原料薯，收获期前首先应刨除田间退化棵、病棵、死棵、混杂棵，然后再进行全田收获。

四、马铃薯收获后块茎的储藏特性

马铃薯收获后处理是指新选马铃薯从采收到消费者手中的整个过程，是连接生产、市场并最终实现生产效益和目的的重要技术环节。在经济不发达、马铃薯生产处于自给自足的小农经济阶段，马铃薯商品生产所占比例较小，采后流通距离、时间都很短，收获后比较容易保持质量，因此，人们比较重视生产而较少注意收获后的处理。如今社会经济发展了，社会分工逐渐强化，马铃薯进入商品化生产阶段，马铃薯流通也逐渐形成了大市场、大流通的格局，并已进入国际市场，马铃薯由产地到销地要跨越不同地区甚至要走出国门，这就拉长了蔬菜流通的距离，使得马铃薯收获后保持数量和质量的工作显得越来越重要。

（一）马铃薯收获后的生理特性

马铃薯产品收获后，在储藏、运输和销售过程中的腐烂、败坏、失鲜、变色、变味等，都是其内部生理、生化变化的反应和表面症状。无论采取何种措施以保持马铃薯的原有品质、风味和新鲜度，都将通过调节其生理生化活动来实现。因而研究马铃薯产品收获后的生理生化特性和变化规律，是做好马铃薯储、运及销售工作的根本。

1. 马铃薯的呼吸作用

（1）呼吸的基本概念。收获后的新鲜马铃薯虽脱离了母体或不能再获得水分和营养物质的供应，但仍然是活的有机体，还在进行着生命活动，其主要代谢过程是呼吸作用。

（2）呼吸的作用。呼吸是呼吸底物在一系列酶参与的生物氧化下，经过许多中间环节，将生物体内的复杂有机质分解为简单物质，并释放出能量的过程。由于呼吸作用同马铃薯的生理生化过程有着密切的联系，并制约着生理生化变化，因而，也必然会影响马铃薯收获后的品质、成熟、耐储性、抗病性及整个储藏寿命。呼吸作用越旺盛，各种生理生化过程进行得越快，马铃薯收货后的存放寿命就越短。在马铃薯收获后运输储藏的过程中要想法抑制其呼吸作用，但又不能过分抑制，应该在维持产品正常的生命过程前提下，尽量使呼吸作用进行得缓慢一些。

2. 马铃薯收获后的蒸腾与失水

（1）失水对马铃薯的影响。马铃薯收获后在储藏的过程中，块茎失水是不可避免的，但过度失水会降低块茎的商品价值和种用块茎的活力。新鲜马铃薯的含水量可达 75%～85%，采收后因蒸腾作用失水引起组织萎蔫，从而造成一系列变化和不良影响。块茎失水的主要途径是薯皮的皮孔蒸发、薯皮的渗透、伤口渗流与蒸发及芽的生长。

（2）失重和失鲜。马铃薯收获后离开了土壤，只有水分的蒸腾而失去了水分的补充，因此在储藏和运输中会因失去水分而萎蔫，含水量不断降低，使马铃薯的重量不断减少，这种失重通常称为“自然损耗”，包括水分和干物质两方面的损失。在一般情况下，马铃薯收获后的自然损耗在 5%～10%。

3. 休眠

（1）马铃薯休眠期。植物在生长发育的过程中遇到不良条件时，有的器官会暂时停止生长，这种现象称作休眠。马铃薯在发育成熟后，体内积累了大量营养物质，原生质发生了变化，代谢水平降低，生长停止，水分蒸腾作用减少，呼吸作用减缓，一切生命都进入相对静止的状态，以便增加对外界不良环境的抵抗能力。

（2）休眠期间的生理生化变化。马铃薯休眠可分为 3 个阶段，第一阶段称作休眠前期，也叫后熟阶段。收获后的马铃薯块茎并未完全成熟，这时块茎的特点是表皮没有木栓化，含水量高，呼吸作用非常旺盛，一般要经过30天左右的生理生化变化才能使块茎表皮充分木栓化，达到成熟，呼吸转为微弱而平稳，这一过程叫作后熟阶段或后熟期。这一时期，块茎水分蒸发较多，重量损失严重，同时薯堆的温度容易升高。另外，收获后机械损伤、表皮擦伤或挤伤的块茎也在这时进行伤口愈合。储藏时，要求有良好的通风条件，防止病菌侵染，减少块茎水分蒸发。第二阶段叫生理休眠期，也可称作真休眠或深休眠。在此阶段马铃薯的新陈代谢下降到最低水平，外层保护组织完全形成，水分蒸发减少，在这一时期种子不会发芽。第三阶段为复苏阶段，也可称为强迫休眠阶段，此时马铃薯由休眠向生长过渡，体内的大分子开始向小分子转化，可以利用的营养物质增加，为发芽、生长提供了物质基础。通过休眠的块茎在适宜的温度、湿度条件下，幼芽萌发生长。这一时期，块茎重量损失与发芽程度成正比。块茎进入萌发期，标志着商品薯的储存应马上结束，否则，其品质将明显下降。而种薯储藏应进一步加强储藏库的管理，防止种用品质的降低。此阶段我们可以利用低温强迫其休眠，以延长马铃薯的储藏寿命。

（二）影响马铃薯收获后品质变化的因素

为了延长马铃薯收获后的储藏寿命，即尽量保持马铃薯收获后的数量和品质，就要尽量控制和延缓影响收获后品质变化因素的发生和发展。收获后马铃薯的呼吸强度、蒸腾作用越大，则马铃薯的成熟衰老就越快，各种生理伤害发生就越严重，其品质下降的速度也就越快。

1. 影响呼吸强度的因素

（1）种类、品种。块茎在呼吸的过程中吸收氧气，消耗营养物质，同时放出水分、二氧化碳和热量，这会影响块茎储藏环境的温度、湿度，从而影响储藏块茎的质量。一般来说，夏季收获的马铃薯比秋季收获的马铃薯呼吸强度要大，南方生长的马铃薯比北方生长的马铃薯呼吸强度要大，而早熟马铃薯品种比晚熟马铃薯品种的呼吸强度大。

（2）发育年龄和成熟度。在马铃薯个体和器官发育过程中，幼龄时期呼吸强度最大，随着年龄的增长，呼吸强度逐渐下降。幼嫩时期处于生长旺盛时期，各种代谢过程都很活跃，表皮保护组织尚未发育完善，组织内部的细胞间隙也较大，便于气体交换，内层组织能获得较充足氧气，因此呼吸强度较高，很难储藏保鲜。随着块茎的不断膨大，其在田间生长的呼吸强度不断下降，进入休眠期时呼吸强度降至最低点，休眠结束呼吸强度再次升高。此时的块茎颜色已由乳白色变成橙黄色。生产上，在马铃薯收获后都有一个后熟处理阶段，一般常用方法有埋土堆、盖草帘等，一般处理时间为 7～10 天。因此，如果在跃变期前采收，设法推迟呼吸高峰的到来，就可以延长其存放时间。

（3）环境因素。

1）温度。在一定温度范围内，随温度升高，酶活性增强，呼吸强度增大。当温度超过 35℃时，一些酶的活性受到抑制或破坏，则呼吸强度反而下降。温度升高马铃薯呼吸加快时，会使得外部的氧向组织内部扩散的速度赶不上呼吸消耗的速度，从而导致内层组织缺氧，同时呼吸产生的二氧化碳又来不及向外扩散，积累在细胞体内干扰细胞代谢，这说明高温不仅引起呼吸的量变，还会引起呼吸的质变。马铃薯在储存过程中的呼吸强度与其所消耗的营养物质是紧密联系的，呼吸强度越大消耗的营养物质越多，因此，在不妨碍马铃薯正常生理活动的前提下，应该设法尽量降低其呼吸强度，以减少营养物质的消耗，这是马铃薯储藏成败的关键。但是为了抑制呼吸强度，也不是将温度降得越低越好，既要尽量降低储藏温度，但又不能使其受冻害。

储藏环境的温度波动会刺激马铃薯水解酶的活性，促进呼吸，增加消耗，缩短储藏时间。如将马铃薯置于20℃—0℃—20℃中变温储藏，其呼吸强度在低温一段时间后，再升至20℃时，其呼吸强度会比原来在20℃下增加许多倍，因此储藏马铃薯应尽量避免库温波动。

2）气体成分。空气中的氧和二氧化碳对马铃薯的呼吸作用、成熟和衰老有很大影响，适当降低氧浓度，提高二氧化碳的浓度，可以抑制马铃薯呼吸但不会干扰正常的代谢。当氧浓度低于100 000时，马铃薯的呼吸强度明显降低，氧浓度低于20 000时有可能产生无氧呼吸，使乙醇、乙醛大量积累，造成缺氧伤害，提高空气中的二氧化碳浓度，也可以抑制呼吸。对于马铃薯来说比较适合的二氧化碳浓度为10 000~50 000，二氧化碳浓度过高会导致中毒。

3）温度/湿度。马铃薯在储藏的过程中，保持较低的窖温是非常有必要的，一般存放温度是3~4℃，湿度对呼吸的影响还缺乏系统的研究，但是储藏环境的空气湿度也会影响马铃薯的呼吸强度，马铃薯在储存的过程中对空气湿度的要求较高，在相对湿度85%~90%的条件下，马铃薯可保持新鲜的状态，干燥条件下会促进呼吸，产生生理障害。

4）机械伤和微生物侵染。物理伤害可刺激呼吸，马铃薯受伤后，造成开放性伤口，其可利用氧的增加，导致呼吸强度增强。马铃薯表皮上的伤口，不仅给微生物的侵染开辟了方便之门，微生物在马铃薯上生长发育，还促进了呼吸作用，不利于马铃薯的储藏。因此，在采收、分级、包装、运输、储藏整个环节中，应尽量避免马铃薯受机械损伤。

5）一些胁迫条件或逆境如冷害、缺氧等也都会刺激呼吸强度增高。

2. 影响马铃薯蒸腾和失水的因素

（1）机械伤。马铃薯受机械伤会加速产品失水，组织表面受伤后，会有较多的气态物质通过伤口。表皮上的切口破坏了表面的保护层，使皮下组织暴露在空气中，因而更易失水。虽然在组织生长和发育早期，伤口处可形成木栓化细胞，使伤口愈合，但是产品的这种愈伤能力随植物器官成熟而减弱，所以收获和采收后操作时要尽量避免损伤。

（2）温度。温度可以影响饱和湿度，温度越高，空气的饱和湿度越大，当环境中的绝对湿度不变而温度升高时，马铃薯与空气之间的饱和差增加，空气中可以容纳的水蒸气量增加，马铃薯的失水也会增加。相反，在绝对湿度不变而温度下降时，饱和差减小；当温度下降到饱和蒸汽压等于绝对蒸汽压时，就发生结露现象，此时马铃薯上会出现凝结水，即所谓的“发汗”。在一般马铃薯储存冷库中，空气湿度已经很高，温度的波动很容易出现结露现象。当我们将马铃薯产品从冷库中拿到温暖的地方时，其表面很快出现水珠。当马铃薯在储藏运输途中大堆散放时，可以观察到在堆表层下约 20 厘米处的产品表面潮湿或有凝结水水珠，这是因为散堆过大、不易通风，堆内温度高、湿度大，热气向外扩散时遇到表层温度较低的产品或表层冷空气达到露点所致。用自然通风库储藏马铃薯，当外界气温剧烈变化时，在库窖顶上也往往形成水滴或结露，水滴落到马铃薯上容易引起腐烂。

（3）风速的影响。马铃薯失水与风速有关，空气流动会改变空气的绝对湿度，在温度不变的情况下，使饱和差加大，促进蒸腾作用。空气在马铃薯表面流动，可将马铃薯的热量带走，但同时也会增加产品的失水量，因为马铃薯周围空气的持水量与产品本身的含水量几乎达到平衡，空气流动时会将这一层湿空气带走，空气的流速越大，失水量越大。风在马铃薯的表面流动得越快，产品失水就越多，在储藏过程中限制马铃薯周围的空气流动，可以减少马铃薯的失水。

（4）空气湿度的影响。马铃薯处于空气中时，空气中的含水量就会因马铃薯失水增加或因产品吸水而减少，直到达到平衡为止。当新鲜马铃薯被放到一个环境中时，周围的空气不会变得完全饱和，马铃薯中有溶质和结合水存在，它与周围环境达到平衡时的相对湿度至少为97%。如果空气中的湿度高，与马铃薯的含水量达到平衡，那么马铃薯就不会失水；如果空气干燥，湿度较低，马铃薯就会失水。

五、防止马铃薯收获后品质变化的措施

马铃薯是一种易腐的鲜活商品，因为它营养丰富、含水量高、表皮保护组织脆弱，容易受损伤招致微生物侵染，加上收获后的呼吸和蒸腾作用，不断消耗呼吸基质，同时释放热量，在生长发育过程中释放的乙烯促进着马铃薯成熟和衰老，所以防止马铃薯收获后品质变化和延长储藏期是一项技术性很强的工作，包括从收获期的掌握、收获方法、分级、包装、预冷等收获后商品化处理到低温运输储藏、低温气调储藏及物理、化学处理等众多环节。防止马铃薯收获后、储运中品质变化，主要解决马铃薯产品因水分蒸发、呼吸、后熟衰老、发芽、机械损伤等所造成的鲜度下降、品质变劣，即“保鲜”；还要解决因病原菌侵染及病害蔓延所造成的腐败变质，即“防腐”。

（一）低温降低呼吸强度

将收获后的马铃薯尽快降温并置于适当的低温下，可以降低其呼吸强度，减少营养物质的损耗，减少热量的释放。低温还能够减少失水和抵制微生物活动。要避免储藏温度波动，因为温度的变化会刺激呼吸同时改变环境中的饱和湿度，引起马铃薯表面结露，增加腐烂发生机会。适当的低温可以较好地保持马铃薯的颜色、质地和营养品质。

（二）抑制乙烯的生成

为了减少马铃薯收获后的成熟和衰老，要尽量控制其乙烯的

释放。提高储藏环境中二氧化碳的浓度、降低氧气的浓度或在不致造成马铃薯冷害和冻害的低温下储藏，都可以抑制乙烯的生理活性。而机械伤、病害虫侵染都会刺激乙烯产生，因此在马铃薯收获过程中分级、分装、运输和销售过程中要尽量轻拿轻放，避免损伤。但是，不管如何小心地避免损伤和控制乙烯的生成，马铃薯收获后总是会有乙烯释放出来，加上乙烯具有自身催化作用，所以，及时除去储藏环境中的乙烯是十分必要的。

（三）防止马铃薯收获后失水

1. 包装 可以在马铃薯的周围加一些物理屏障，以减少空气直接接触马铃薯表面，减少失水。

2. 增加空气湿度 减少马铃薯失水的另一个有效方法是增加储藏设施环境内的空气相度湿度，降低马铃薯和空气间的水蒸气压差，减少空气从马铃薯中夺取的水分。然而，高湿又对霉菌生长有利，易造成马铃薯腐烂，因此可在收货后配合使用杀菌剂来克服这一矛盾。

加湿的方法：可以用自动加湿器向库内喷迷雾或喷蒸汽，也可以向地面洒水或在库内挂湿草帘增加空气湿度，或者提高蒸发器冷硬管的温度，并且迅速将马铃薯冷却到储藏温度，将库内的相度湿度保持在95%左右，就可避免马铃薯失水。

3. 适当通风 机械冷库和自然通风库中还必须有足够的通风量，将库内的热负荷带走和防止库内温度不匀，但要尽量降低风速，0.3~3毫米/秒的风速对马铃薯水分蒸发的影响不大。

4. 使用微风库 微风库的冷风是经过库顶上的多孔送入或使冷空气先经过加湿再送到库中，可以有效地防止失水。

（四）控制休眠

马铃薯通过休眠后，在适当的温度条件下就会发芽，并使重量减轻，品质下降，马铃薯通过休眠发芽后，不仅表面皱缩，而且产生一种生物碱（龙葵素），食用后对人体有害，因此必须设法控制休眠，防止发芽，延长储藏期。

（1）温度。是控制休眠的重要因素，高温干燥对马铃薯的休眠有利。

（2）化学处理。有明显的抑制发芽效果。

1）氯苯胺灵（CIPC）是一种在收货后使用的抑制发芽的药剂，应该在薯块愈伤后再使用，因为它会干扰愈伤。美国戴冠公司的粉剂使用量为1.4克/千克，使用CIPC可以防止薯块在常温下发芽。使用方法是将粉剂分层喷在马铃薯中，密封覆盖24~48小时，粉剂气化后，打开覆盖物。要注意的是，CIPC这种药物不能在种薯上使用，使用时应与种薯分开。

2）萘乙酸甲酯（ME-NA）也可以防止马铃薯发芽，它具有挥发性，薯块经其处理后10℃下一年不发芽，在15~21℃下也可以储藏好几个月，它不仅可以抑制发芽也可以抑制萎蔫。ME-NA的用量为0.1~0.15毫克/千克。

（五）病虫害

储藏期间的主要损耗是由病虫害引起的，尤其是在储藏的块茎已经部分受病菌侵染、机械损坏或表皮幼嫩等情况下，最易受病害侵染。由于马铃薯的品种、生长条件、感病性、病虫害的发展及扩散程度不同，因而引起的损失也不同。只有干净、健康、表皮老化的块茎才能成功地储藏。

（1）储藏期间引起软腐的主要病害有黑胫病、青枯病、环腐病、早疫病、晚疫病、湿腐病等。引起干腐病的主要病害有镰刀菌干腐病、炭腐病、炭疽病、粉痂病等。在大多数情况下，良好的通风和尽可能的低温可减轻真菌、细菌侵染引起的损失，但最低储藏温度不能低于4℃。

（2）潮湿的块茎应当立即干燥后才能储藏，收获时被雨淋湿的块茎绝对不能储藏。储藏期间马铃薯块茎蛾发生时，会引起块茎的严重损害。但块茎蛾在储藏温度低于10℃时不活动，低于4℃时死亡。

六、马铃薯储藏的基本要求与方法

（一）基本要求

1. 防止块茎腐烂

（1）腐烂原因。马铃薯在田间曾发生晚疫病、青枯病、环腐病、黑胫病和粉痂病等，收获后、入窖前块茎带病轻或病症未被发现，入窖后温度、湿度适宜病菌发展，轻者烂薯，重则烂窖。块茎在收获、运输时擦伤、碰伤、压伤、挤伤较重，入窖前未注意愈合处理，没有达到愈合要求，入窖后病菌寄生时逐渐腐烂，甚至烂窖。马铃薯收获太晚或入窖前受冻害，入窖后造成块茎腐烂等。

（2）防止块茎腐烂的方法。

1）把好块茎入窖关，不让病薯混入窖内，如果大量或大部分块茎已感病，最好马上加工，不要储藏，或只进行短期的临时储藏。短暂储藏时要保持低温、小堆、防冻，延缓病害发展。

2）收获后入窖前，按要求做好块茎的愈伤处理工作，并在入窖前预储后严格剔除病薯。收获期宁稍早而勿晚，同时一定要在入窖前经过预储后才入窖。受冻的块茎一般在预储期即可发现，入窖前可以剔除。

2. 防止块茎皱缩与发芽 健康的块茎在储藏过程中始终保持新鲜状态是非常必要的。从一季作区收获储藏的实际经验看，可以做到储藏10个月左右保持块茎不发芽、表皮不皱缩。

（1）发生原因。储藏的马铃薯表皮皱缩的原因是窖温高而相对湿度低。因为在高温条件下，块茎的呼吸作用强，水分消耗比干物质耗量大，所以出现皱缩现象。在块茎通过休眠后，温度高时会大量发芽，水分消耗更多，发芽的时间愈长，表皮皱缩愈重。块茎大量失水和发芽，会严重影响食用品质。即使储藏的种薯发芽太长也会影响播种质量，甚至降低产量。

（2）防止方法。在储藏过程中保持较低的窖温和较高的相对湿度。块茎储藏在3~4℃可以长期不发芽；在相对湿度85%~90%的条件下，可保持新鲜状态。但湿度高时霉菌容易寄生，甚至造成块茎腐烂。所以在低温、高湿度时必须注意通风和换气条件，这样才能达到储藏目的。

3. 防止块茎变质

（1）造成变质的原因。窖内温度达到32℃左右，块茎会因高温缺氧变成黑心，特别是在储藏堆内部的块茎比较普遍。另外，在0℃或0℃以下储藏的块茎，超过100天时，组织会出现棕色斑点或变黑。块茎见光容易变绿，特别是未成熟的块茎和新收获的块茎，皮薄或皮层还在继续加厚时，容易在光照下变绿。一般在高温光照下块茎变绿快，在低温下变绿慢。在黑暗条件下储藏8个月的比储藏3个月的见光后变绿慢。

无论出售或自己食用的马铃薯，都应当做到黑暗储藏，防止任何光线长期照射，以免块茎表皮变绿，龙葵素升高，品质变劣。据分析，每100克鲜薯中，块茎变绿的部分龙葵素含量达25~28毫克时，人畜食用后轻者引起中毒，表现恶心、呕吐，重者会造成孕妇流产，受孕牲畜产生畸胎，甚至瞳孔放大、休克等，有生命危险。

（2）防止办法。为了防止块茎变质，应注意保持窖内通风换气，不使窖温过高或过低。食用的块茎在储藏时应避免光线照射。即使是弱光长期照射，块茎也会变绿。进行储藏检查时应进窖开灯，出窖关灯。不同用途的块茎最好分别储藏，分别管理，使其各得其所。

（二）储藏方法

1. 鲜食马铃薯的储藏　食用薯储藏除控制温、湿度外，还应特别注意在黑暗条件下储藏。食用薯储藏期保持窖温2~4℃，相对湿度85%～90%比较合适。低温储藏淀粉可转化为糖，食用时甜味增加，其他品质一般不受影响。二季作区春季种植收获的马铃薯，一般储藏期在5～8月，食用商品薯储藏场所应尽量保持低温，降低自然损耗。光线应暗，以免块茎长时间见光变绿，失去食用价值。在管理方面，白天温度高，光线强，应关闭门窗并吊上草苫或糊上报纸；夜间温度低，光线暗，可打开门窗通风。城市居民或农户储藏少量食用薯，将块茎装入篓内或纸箱内，放在室内阴凉处即可。储藏前期应勤检查，发现烂薯随时拣出，以免感染其他块茎，造成大量烂薯。以后要求25天左右检查1次，预防烂薯相互传染。

（1）夏季储藏。中原二季作区夏季储藏方法有：室内储藏、半地下室储藏。要求储藏处凉爽、干燥、通风。凡储藏过农药、化肥、汽油、柴油、煤油等的地方不能储藏马铃薯，马铃薯也不能与洋葱、蒜类一起储藏，以免引起储藏期大量烂薯。

储藏室应打扫干净，在地上铺3～5厘米厚的干沙（或干土）。将经过挑选的块茎摊放在上面，厚25～30厘米。储藏前期因块茎呼吸作用旺盛，放出大量的水分、热量及二氧化碳，易引起高温、高湿（俗称出汗、起热），造成烂薯。因此，应注意通风、降低温度，保持干燥，经常检查，随时拣出烂薯。要求温度保持在25℃左右，相对湿度80%以下。但是，由于夏秋季节气温高，储藏室温往往在30℃以上，因此更应该注意保持干燥、通风，否则块茎腐烂严重。

（2）冬春季储藏。秋季收获的马铃薯，一般储藏期在11月至翌年的4月，多采用室内储藏。室内铺30厘米厚的干沙（或干土），将经过挑选后的块茎摊放在上面，薯堆厚30厘米左右，不可过厚，因为刚收获的块茎呼吸作用还比较旺盛，过厚容易引起薯堆出汗起热，造成烂薯。储藏初期，应注意储藏室的通风。储藏一段时间后，呼吸作用减弱，气温下降，12月下旬可将块茎堆成高 80 厘米、宽 150 厘米左右的薯堆，薯堆上面及四周用沙或土覆盖 8~10 厘米厚。随着气温的下降，进入寒冬，可加厚覆盖沙（土）或加盖草苫。薯堆内温度应保持在 1~4℃，0℃以下块茎受冻害；超过 5℃块茎休眠期通过后易发芽，消耗水分和养分，降低商品质量和种性。在储藏期，应根据天气变化、温度的增高或降低，增减薯堆上覆盖物的厚度。

特别提示：切勿在甘薯窖内同时储藏马铃薯。因甘薯储藏适宜温度为 9~14℃，9℃以下甘薯即受冷害。而马铃薯最适宜储藏温度为 1~4℃，超过 5℃块茎发芽。

2. 加工用马铃薯的储藏　加工用的块茎，要求淀粉含量高，糖分含量低。所以不论炸条、炸片，加工淀粉或全粉用的马铃薯，都不宜在太低的温度下储藏。在块茎未通过休眠期前的一段时间，尽量使窖温保持在 10~15℃，可减少淀粉转化成糖。还原糖超过 0.4%的块茎，炸片或炸条时都会出现褐色，影响产品质量和售价。还原糖含量和休眠期长短均与品种有关。

储藏时可根据品种的特点调整储藏温度。据研究，储藏在 20℃下 40 天可发芽的品种，储藏在 10℃下 80 天才能发芽，大部分品种在 10℃下储藏，均可延长发芽期约 1 倍的时间。需要加工的块茎往往储藏的时间很长，为了防止发芽，必要时还得在 4℃左右的条件下储藏。但在加工前 15~20 天要把加工用的块茎转移到 15~20℃温度中进行处理，使还原糖逆转为淀粉，从而减轻对加工品质的影响。

目前，世界上已有不少国家利用化学药剂抑制块茎发芽。如荷兰把氯苯胺灵和苯胺灵（IPC）用于加工储藏的块茎。粉剂最高用量为 10 毫克/千克，液体为 20 毫克/千克。据报道，氯苯胺灵粉剂处理的块茎于 21℃下储藏 4 个月不发芽。但上述药剂对块茎愈合不利，必须在块茎经愈合处理后应用。另外，利用马来酰肼（MH）溶液在马铃薯收获前 20 天左右喷施，每亩用药 220

克，可抑制块茎在储藏期发芽。还有用四氯硝基苯（TCNB）、萘乙酸甲酯（MENA）等药剂。

3. 种薯的储藏 种用的马铃薯在一季作区需要储藏6~7个月，二季作区越冬储藏也需4~5个月。根据马铃薯品种休眠期的长短和各地区的储藏方式，控制马铃薯在储藏期大量发芽或限制幼芽生长是储藏的重点。窖藏的马铃薯在休眠期过后应保持窖温在2~4℃，相对湿度在85%~90%，这样既不会发芽又能保持块茎的旺盛生命力。储藏条件差，在种薯发芽时无法降低窖温，这时不应继续在窖内储藏，应立即把种薯转移到散射光下的室内摊开储存，只要在光照下，块茎的幼芽就不会继续快速生长，否则块茎在窖内严重发芽，有的芽长可达1米，大量消耗养分。据试验，种薯发芽后掰掉一次芽子减产6%，掰掉两次减产7%~17%，掰掉三次减产30%。因而种薯储藏最好在低温控制下不让其过早发芽。南方种薯多用架藏，这样可使种薯通过休眠期后，在光照下抑制芽的生长。种薯见光后表皮变绿对播种品质没有坏处，反而可增加对病菌的抗性，这就和食用薯储藏完全不同。

中原二季作区夏季种薯不能在低温场所储藏，以免秋播时块茎没有通过休眠期，播种后出苗晚，造成减产。另外，低温储藏种薯，8月中旬播种，田间温度高，容易形成烂薯。

（三）特别提示

1. 老窖消毒 马铃薯主产区的农民，一般都建有固定的储藏窖。因常年储存马铃薯，难免病烂块茎残存在窖内。新薯入窖前如不进行清扫、消毒，老窖中的病烂薯和带菌的残渣、污土很可能把病菌传染给新薯。同时新薯入窖前温度高、湿度大，块茎被病菌传染后容易造成烂薯，甚至烂窖。所以新薯入窖前，要及时把老窖打扫干净，并用来苏儿喷洒消毒，以除后患。

2. 控制堆高 在窖内、室内或沟内储藏马铃薯时，薯堆的高度应根据储藏条件和品种特性而定。地下窖或半地下窖堆放时，不耐藏、易发芽的品种堆放高度以0.5~1米为宜；耐储藏、休眠期中等的品种堆放高度以1.5~2米为宜；耐储藏、休眠期长的品种堆放高度以2~3米为宜。室内储藏最高也不宜超过3米。沟藏的堆放高度以1米（沟深）左右为宜。窖藏还要考虑窖的高低和容积大小，储藏量不宜超过全窖容积的2/3，最好是1/2或3/5，以便管理和空气流通。

3. 控制温、湿度　马铃薯入窖初期，窖温高、湿度大是正常现象。但一般经过预储的块茎，入窖后温度不会超过20℃。20天后窖温逐渐下降，准备长期储藏的块茎，窖温保持在2~4℃比较合适。因为低温储藏块茎呼吸作用减弱，消耗的养分少，又不会发芽，相对湿度应保持在85%~90%，这样可使块茎内水分损失少，长期保持新鲜状态。但加工用的马铃薯在储藏温度上需要根据储藏期长短做适当调整。

4. 通风换气　不论窖藏或沟藏，在大量储藏块茎时都应具备通风换气条件。把块茎呼出的二氧化碳排出去，让新鲜的空气进入薯堆内部，是防止块茎变黑心、维持块茎正常生理活动的必要条件。窖内二氧化碳过多不仅会影响种薯发芽率，而且在人进入窖内检查时易中毒，不安全。特别是在块茎入窖初期，窖温一般都比较高，通风换气对于降低窖温、减少块茎养分和水分消耗也有重要作用。

5. 覆盖散湿　块茎在储藏期间，薯堆因块茎呼吸作用散出的水分，常在窖温降低时凝聚在上层块茎上，通称块茎“出汗”。为了防止上层块茎严重水湿和发生霉烂，在窖温下降时应在薯堆顶部覆盖一层干草或旧麻袋等以吸水散湿，以保安全储藏。

七、农药的稀释方法

（一）药剂浓度的表示方法

1. 百分浓度　100份药液或药粉中含纯药的份数，符号是%。百分浓度又可分为重量百分浓度和容量百分浓度。

2. 百万分浓度 100万份药液或药粉中含纯药的份数，以前用的单位是ppm，现在已废止。现用单位是微微克/克、毫克/千克、克/吨等，也可用10^{-6}表示。

3. 倍数法 药液或药粉中稀释剂（水或填充料等）的量为原农药商品量的多少倍。因此，倍数法一般不能直接反映出农药有效成分的稀释倍数。倍数法若不标明按容量稀释，一般都是按重量计算的，稀释倍数越大，按容量和按重量计算之间的比差就越小。在使用上，根据稀释倍数的大小，又分为内比法和外比法两种。

（1）内比法。用于稀释100倍及其以下倍数，计算时要扣除原药剂所占的一份。如稀释50倍，即用原药剂1份加稀释剂49份。

（2）外比法。用于稀释100倍以上倍数，计算时不扣除原药剂所占的一份。如稀释500倍，即用原药剂1份加稀释剂500份。

（二）浓度表示法之间的换算

（1）百分浓度与百万分浓度之间的换算［百万分浓度（毫克/千克）］：10 000×百分浓度1%＝10 000毫克/千克。

（2）倍数法与百分浓度之间的换算百分浓度%。

例：90%的敌百虫原粉稀释1 500倍后相当于多少毫克/千克？

浓度相当于百分之　　10 000×0. 06＝600毫克/千克

（3）稀释农药时的计算方法。一定量的农药稀释后，浓度变小，但农药有效成分的绝对含量不变。因此，原药剂重量与其浓度的乘积应等于稀释液的重量与其浓度的乘积。

即 $VN=V_1$，N_1

式中：N 为原药剂的浓度；

V 为原约剂的重量；

N_1 为稀释液的浓度；

V_1 为稀释液的重量。